骨龄影像学

读片实践与人工智能

主　编　程晓光　闫　东
　　　　刘　华　刘　力

中国协和医科大学出版社
北　京

图书在版编目（CIP）数据

骨龄影像学读片实践与人工智能 / 程晓光等主编. 北京 : 中国协和医科大学出版社, 2025. 3.
ISBN 978-7-5679-2492-5

Ⅰ. Q984-62

中国国家版本馆CIP数据核字第2024JU9703号

主　　编　程晓光　闫　东　刘　华　刘　力
责任编辑　李元君　杨雪娇
封面设计　邱晓俐
责任校对　张　麓
责任印制　黄艳霞
出版发行　**中国协和医科大学出版社**
（北京市东城区东单三条9号　邮编100730　电话010−65260431）
网　　址　www.pumcp.com
印　　刷　北京联兴盛业印刷股份有限公司
开　　本　710mm×1000mm　1/16
印　　张　10
字　　数　160千字
版　　次　2025年3月第1版
印　　次　2025年3月第1次印刷
定　　价　98.00元

编者名单

主　编　程晓光　闫　东　刘　华　刘　力

副主编　李　凯　马毅民　陈　庆　白仲南

编　者（按姓氏汉语拼音排序）

白凤森（首都儿科研究所附属儿童医院）
白　洁（北京市海淀区公安司法鉴定中心）
白仲南（宁波海尔施基因科技股份有限公司）
陈　庆（北京市公安司法鉴定中心）
程晓光（首都医科大学附属北京积水潭医院）
崔际论（北京市平谷区公安司法鉴定中心）
耿　健（首都医科大学附属北京积水潭医院）
何颂跃（北京法源司法科学证据鉴定中心）
李　凯（首都医科大学附属北京积水潭医院）
刘　凡（北京市公安司法鉴定中心）
刘　华（北京市公安司法鉴定中心）
刘　力（北京市公安司法鉴定中心）
马毅民（首都医科大学附属北京积水潭医院）
潘诗农（中国医科大学附属盛京医院）
申太忠（航空总医院）
田雪梅（公安部鉴定中心）
王露瑶（首都医科大学附属北京积水潭医院）

王永涛（北京永泰安达司法鉴定中心）
徐　刚（北京体育大学）
徐　磊（北京市东城区公安司法鉴定中心）
徐良洲（武汉市中医医院）
许媛媛（中国疾病预防控制中心）
闫　东（首都医科大学附属北京积水潭医院）
杨俊波（北京市海淀区公安司法鉴定中心）
袁新宇（首都儿科研究所附属儿童医院）
张　舸（北京盛唐司法鉴定所）
张会丰（河北医科大学第二医院）
张雯双（首都医科大学附属北京积水潭医院）
赵建设［山东大学附属儿童医院（济南市儿童医院）］

前　言

在医学领域，骨龄评估是一项重要的诊断工具，它帮助我们了解儿童和青少年的生长发育情况，对于内分泌疾病、生长障碍、营养不良等多种情况的诊断和治疗都至关重要。随着医学影像技术的发展，骨龄的评估变得更加精确和便捷，但同时也对医生和相关专业人士提出了更高的要求。

《骨龄影像学读片实践与人工智能》这本书为医学生、放射科医生、儿科医生、内分泌科医生，以及所有对骨龄评估感兴趣的专业人士提供了一个全面的学习资源。我们期望通过这本书，帮助读者掌握骨龄读片的基础知识、技巧。

本书首先介绍了人工智能在骨龄影像学评估的应用进展。近年来，随着计算机技术和人工智能算法的空前发展，各种骨龄相关计算机人工智能辅助评估系统的研究也迅速发展。通过本书的介绍，可以让读者更好地了解人工智能在骨龄影像学评估中的发展情况，尤其是在我国相关领域的应用现状、机遇与挑战。

目前，主流软件的研发多基于计分法评估，作为人工智能应用的基础，计分法骨龄评估的规范化与统一标准仍不可或缺。因此，本书对骨龄读片的基础做出了详细的图文描述，包括专用名词术语及各分期对应骨骺发育X线特征的解释，并详细讲解了RUS-CHN、TW3-C RUS和TW3 RUS法骨发育等级标准及其应用原则。本书还包含了一系列练习题，旨在帮助读者巩固所学知识，并在实际工作中能够熟练运用。

在编写本书的过程中，我们力求内容的准确性和实用性，同时也尽可能地保持语言的简洁和清晰。我们相信，通过对本书的学习，读者不仅能够掌握骨龄读片的技能，还能够对儿童和青少年的生长发育有更深入的理解。

最后，我们希望本书能够成为读者在骨龄评估领域的良师益友，为广大放射科医生和相关工作者提供一份系统、实用的骨龄读片指南，助力大家在实践中更准确地评估骨龄。

我们期待读者的反馈，以便我们能够不断改进和更新内容，以满足读者的需求。

祝学习愉快！

编　者

2025年3月

目 录

第一章　人工智能在骨龄影像学评估中的应用进展

骨龄（bone age）是人体生物年龄的重要组成部分，通过骨骼发育过程中骨骺出现、生长及成熟的规律变化来推断年龄，从而准确评估个体发育及成熟情况。作为评估儿童生长发育的核心指标之一，骨龄在医疗、体育和司法鉴定等领域具有重要应用价值。骨龄评估（skeletal age assessment，SAA）即测定骨龄的方法及过程，自20世纪30年代国际学者系统研究骨骼发育规律以来，经历了从传统计数法、图谱法、计分法到智能化数字分析的跨越式发展。

基于骨龄检查多采用单一左手腕X线平片图像，便于建立相对标准化数据集的特点，骨龄图像成为训练深度学习解决方案的理想选择。随着计算机技术的发展，骨龄评估研究取得了突飞猛进的进展。从1992年计算机辅助骨龄评分（CASAS）系统的出现，到2009年网络自动骨龄评估软件BoneXpert（丹麦）的问世，再到2016年意大利首次将深度学习算法应用到骨龄自动评估领域，标志着骨龄的完全自动化评估得以实现。至此，基于深度学习的人工智能（artificial intelligence，AI）辅助骨龄评估在医疗领域得到了广泛关注并迅速推广应用。AI辅助评估软件与临床医生的深度融合，实现了高效、精准、智能化的骨龄评估，推动了骨龄评估在医疗、体育和司法鉴定中的应用。

国内AI辅助的骨龄评估近年来发展迅速，尤其在技术应用、数据标准化和临床推广等方面取得显著进展。2017年，中国医疗AI企业依图医疗推出首款基于深度学习的骨龄判读系统，标志着国内骨龄AI软件进入实用阶段。该系统采用卷积神经网络（CNN），通过海量左手腕部骨龄X线片训练，将计分法骨龄判读时间从人工的10～15分钟缩短至数秒，精度与人工判读相当，对于5～18岁骨龄评价1岁以内的准确率＞92.2%。其核心突破在于算法对骨骼特征的自动提取能力，减少了主观性误差。随后，该系统不断升级，实现多标准兼容，并于2021年首获三类医疗许可证书，正式进入临床一线应用。截至2024年，国内已有多家公司的AI辅助骨龄软件研发面世，包括深睿、数坤、喜高及联影等，其中多家公司已取得三类医疗许可证书，广泛服务于临床。国内软件在功能上涵盖自动生成图文报告、通过多周期影像建立个体化生长曲线、预测身高和体重趋势、BMI评估等。

国内软件进展主要表现在以下三方面：一是标准化与多模态，多数软件均支持《中国人手腕骨发育标准－中华05》，部分兼容国际方法（如TW3法）等，更适应中国儿童骨龄特征；二是AI提升效率，将传统人工判读时间从15～30分钟缩短至数秒，对骨龄评价的误差控制在1岁以内；三是多场景扩展，从医疗诊断向体育、司法领域延伸，满足身高预测、体育人才选拔、司法鉴定等需求。

综上，国内AI骨龄评估已从技术验证阶段迈入规模化应用，通过技术迭代和生态布局，显著提升了医疗效率和服务可及性。骨龄评估的准确性已超越欧洲技术，结合国内骨龄标准后，更贴合中国儿童生长发育特征。

在一项对全国26个省市中241家医疗机构进行骨龄调查问卷的研究中，结果显示，医疗机构进行骨龄评估的主要目的是预测身高、生长激素使用前基线确定和内分泌疾病辅助诊断，主要以满足临床医疗需求为主。三级医院开展骨龄测量比例远大于二级医院。骨龄评估工作以放射科医生为主，部分临床科室也少量开展。大多数医院仍使用图谱法进行骨龄的粗略评估。绝大多数受访者期待在骨龄评估中应用AI技术作为辅助，提高测量的精确度和效率，减轻工作负担。但目前仅约有10%的受访者具有长期使用AI辅助系统的经验，说明我国骨龄AI辅助测量系统的应用前景广阔，有待相关人员和企业的研发和推广。

同时，在实际应用过程中，尽管AI显著提升了骨龄评估的效率与一致性，但仍存在一些问题。例如，如何完善AI软件，制定基于中国儿童的骨龄发育标准；如何正确判读掌指骨（R系统）或腕骨（C系统）评估标准；对于腕骨发育异常及病理状态下可能存在的AI误判风险等。此外，基层医疗机构缺乏技术支持也是AI技术不能大力推广的一个原因。因此，我们下一步将在技术可靠性、标准化推广等方面持续探索。

AI辅助骨龄评估的发展历程体现了从人工经验到计算机辅助，再到传统机器学习，最后到基于深度学习的骨龄评估的转变，实现了从单一标准到多模态融合的技术跃迁。其核心目的在于缓解医疗资源紧张，减轻临床医生负担，提升骨龄评估的准确性和一致性，最终达到“同标准、同方法、同质量”的结果，以辅助儿童生长发育评估的规范性，服务于临床。

第二章　骨龄读片基础

一、手腕部骨龄评价部位、阅读顺序及方位

1. 部位及阅读顺序

在手腕部骨龄评价中，常拍摄左手腕部正位（后前位）X线片，因此也以X线方向阅读X线片。为了避免差错或者遗漏，骨片阅读顺序如下（图2-1）。

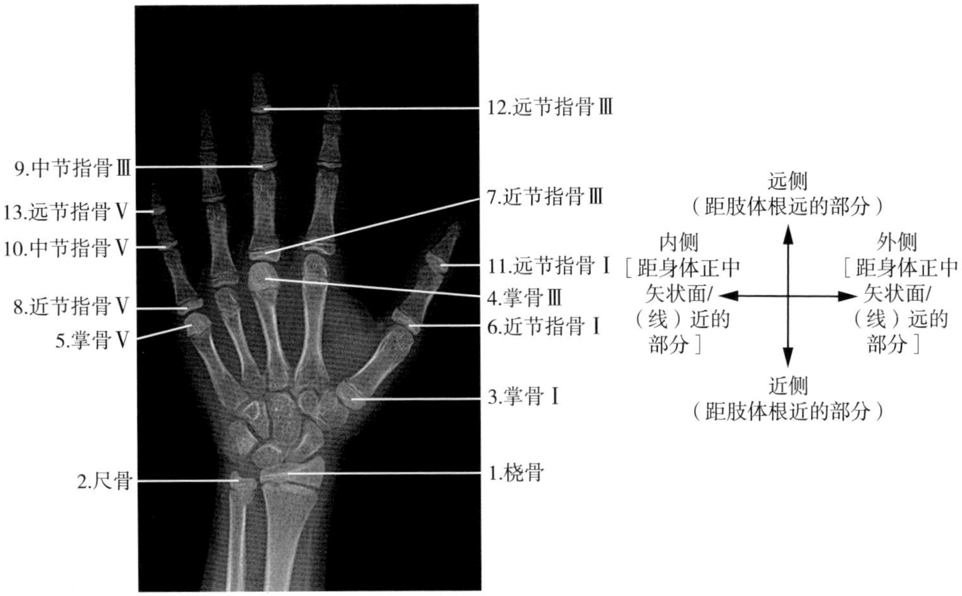

图2-1　手腕部骨龄读片顺序及方位

（桡尺骨、掌指骨按照编号顺序进行读片）

（1）RUS（桡尺骨、掌指骨）阅片顺序：桡骨，尺骨，第一掌骨（掌骨Ⅰ），第三掌骨（掌骨Ⅲ），第五掌骨（掌骨Ⅴ），第一近节指骨（近节指骨Ⅰ），第三近节指骨（近节指骨Ⅲ），第五近节指骨（近节指骨Ⅴ），第三中节指骨（中节指

骨Ⅲ），第五中节指骨（中节指骨Ⅴ），第一远节指骨（远节指骨Ⅰ），第三远节指骨（远节指骨Ⅲ），第五远节指骨（远节指骨Ⅴ）。

（2）腕骨阅片顺序：头状骨，钩骨，三角骨，月骨，舟骨，大多角骨，小多角骨。

2. 解剖学方位

在学习和掌握手腕部骨发育等级标准时，解剖学方位非常重要，它能够使我们正确理解骨发育等级指征的形态和位置（图2-1）。

（1）掌侧（palmar）：距手掌面近的部分。

（2）背侧（dorsal）：距手背面近的部分。

（3）近侧（proximal）：距肢体根近的部分。

（4）远侧（distal）：距肢体根远的部分。

（5）内侧（medial）：距身体正中矢状面/（线）近的部分。

（6）外侧（lateral）：距身体正中矢状面/（线）远的部分。

（7）尺侧（ulnar）：前臂距尺骨侧近的部分。

（8）桡侧（radial）：前臂距桡骨侧近的部分。

二、X线影像术语与定义

1. 钙化点

软骨内或膜内骨化时，基质开始骨化的部位，X线影像为无骨性结构的致密点。

2. 骨化中心

软骨内或膜内骨化时，从钙化点开始骨化的部位，X线影像为具有骨化结构的钙化点。

3. 骨骺

长骨未完成发育的骺端。

4. 骺板（生长板）

骺板又称为骺软骨，是生长阶段的长骨骺内次级骨化中心与干骺端之间的板状透明软骨。

5. 缘

缘是与X线束平行的骨表面所形成的线状X线影像。可以理解为影像的边缘。

6. 关节面

关节面是组成关节的骨的相对面，以与它相关节的骨命名。

7. 等宽

骨骺内侧或者外侧缘与骨干等宽。

8. 变平

骨开始出现关节面，X线影像表现为圆弧状的缘上出现直线段。

9. 凸

发育过程中，组成关节的骨的关节面开始按相对骨的关节面成形，X线影像表现为圆弧状或直线状的缘向外突出。

10. 凹

发育过程中，组成关节的骨的关节面开始按相对骨的关节面成形，X线影像表现为圆弧状或直线状的缘向内凹陷。

11. 致密

不同骨面影像重叠或骨密度增加所形成的浅而明亮的X线影像。

12. 呈方形

骨化中心的远侧缘和外侧缘（或内侧缘）变平，使圆形外侧端（或内侧端）呈方形。

13. 覆盖

骨骺的骨化中心近侧缘或远侧缘沿相邻干骺端，包绕干骺端的顶部边缘。

14. 融合

骺板钙化，导致骺板消失，骨干与骺连成一体，X线影像表现为原骺板的黑色暗带消失。

（1）融合开始：生长板开始钙化、暗带X线影像开始消失，相对应的骨化中心与干骺端的临时钙化带以致密点相连接。

（2）融合结束：生长板全部消失，致密、宽大的骺线变淡、变细，并有部分消失。

15. 发育等级

发育等级是指根据骨在生长发育过程中形态和密度变化特征的X线影像，将骨发育过程划分的若干发育阶段。

三、手腕骨发育的生理性变异

在手腕骨生长发育过程中，存在一些正常的生理性变异。

1. 桡、尺骨茎突

桡、尺骨茎突个体间变异比较大。有时很难完全凸显出来。因此，桡、尺骨茎突一般不作为等级评价的标准。

2. 短指骨

短指骨特征为骨干短、粗，骺发育很快，融合较早（图2-2）。短指骨一般发生在第五中节指骨。在第五中节指骨为短指骨的情况下，可评估为第三中节指骨骨骺同样的发育等级。

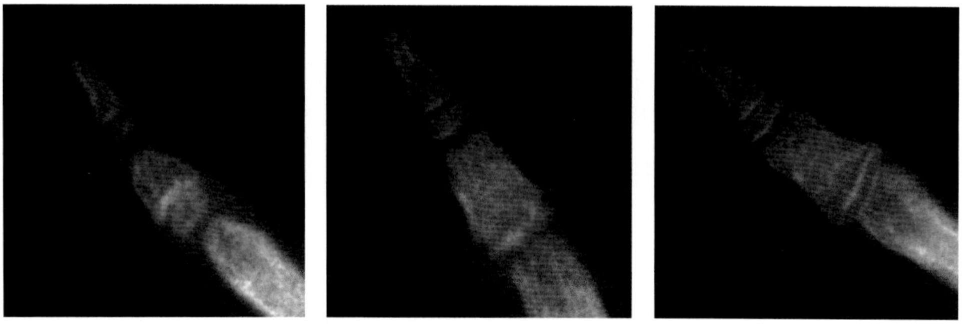

图2-2　短指骨

（由左向右分别为4岁、6岁、11岁的短第五中节指骨）

3. 锥形骨骺

骨干短、粗，骺似锥形，其远侧缘与骨干的洞穴形状一致，与其他远节指骨相比发育很快，融合较早（图2-3、图2-4）。

锥形骨骺大多出现在拇指远节指骨，因发育状况与等级文字描述不确切相符，所以在评价骨龄时，可评估为第三远节指骨骨骺同样的发育等级。

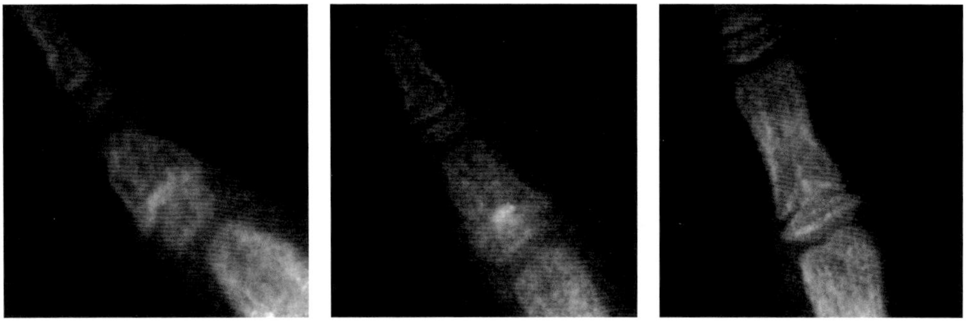

图2-3　锥形骨骺

（由左向右分别为4岁、5岁、14岁第五中节指骨的锥形骨骺）

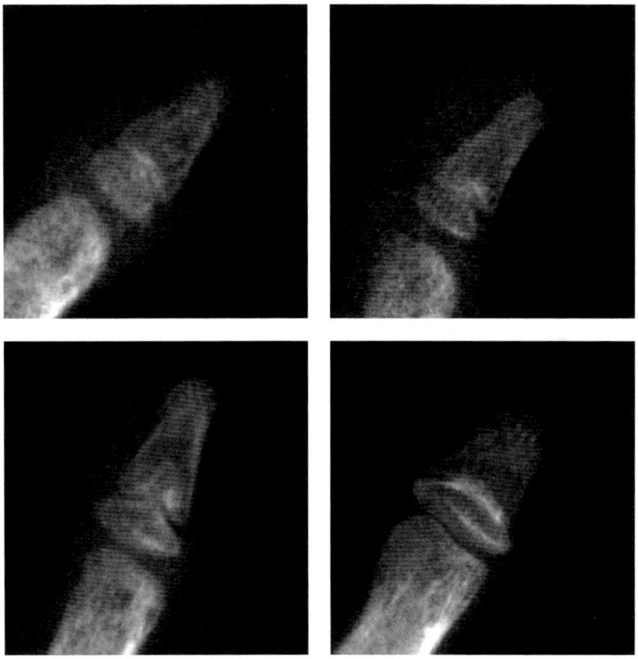

图2-4　锥形骨骺

（由左向右分别为4岁、5岁、7岁、12岁第一远节指骨的锥形骨骺）

第三章　RUS-CHN、TW3-C RUS和TW3 RUS法骨发育等级标准

RUS-CHN法为《中国人手腕骨发育标准-中华05》（以下简称《中华05》）中评价骨龄的基础方法，掌握此方法的同时也等于掌握了TW3-C RUS和TW3 RUS骨龄评价的方法。读者在学习骨发育等级标准时，需要注意结合图示掌握每个等级定义所描述的等级发育特征。在实际评价骨发育等级时，根据定义描述的特征进行等级的判断，而不是与图示匹配相似度。

在TW3骨龄评分法的骨发育等级标准中，每一骨发育等级标准有1～3条，分别以1、2、3标出。在应用时应遵循下列原则。

1. 当评价某块骨达到某一发育等级时，也必须符合前一等级标准的第1条。
2. 在骨发育等级标准有2条时，符合其中的1条就可评价为该等级。
3. 在骨发育等级标准有3条时，必须符合其中的2条才能评价为该等级。

一、桡骨

（一）RUS-CHN等级1和TW3-C RUS等级1或TW3 RUS等级B

骨化中心仅可见一个钙化点，极少为多个，边缘不清晰（图3-1）。

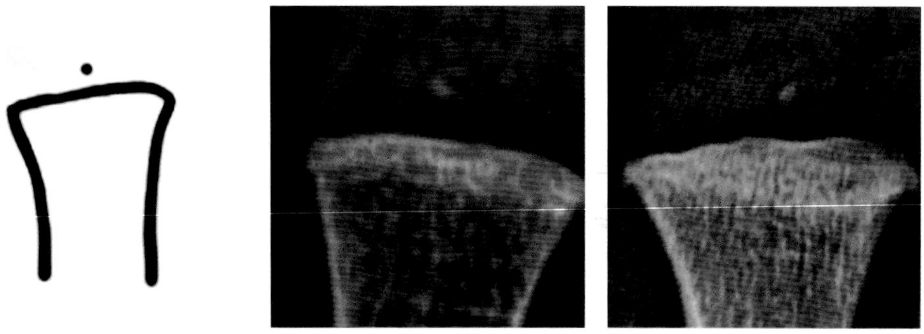

图3-1　桡骨RUS-CHN等级1和TW3-C RUS等级1或TW3 RUS等级B

（二）RUS-CHN等级2和TW3-C RUS等级2或TW3 RUS等级C

骨化中心清晰可见，为圆盘形，有平滑连续的缘，骨骺最大径小于桡骨干骺端宽度的一半（图3-2）。

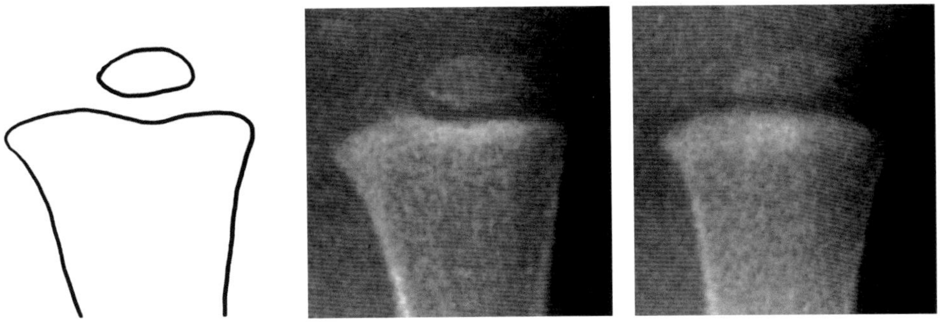

图3-2　桡骨RUS-CHN等级2和TW3-C RUS等级2或TW3 RUS等级C

（三）RUS-CHN等级3和TW3-C RUS等级3或TW3 RUS等级D

1. 骺最大直径为骨干宽的一半或一半以上（图3-3）。
2. 骺外侧端增大、变厚、圆滑，内侧端为锥形。
3. 骺近侧面的1/3变平，并稍致密，骺和骨干之间的间隙变窄，约1mm。

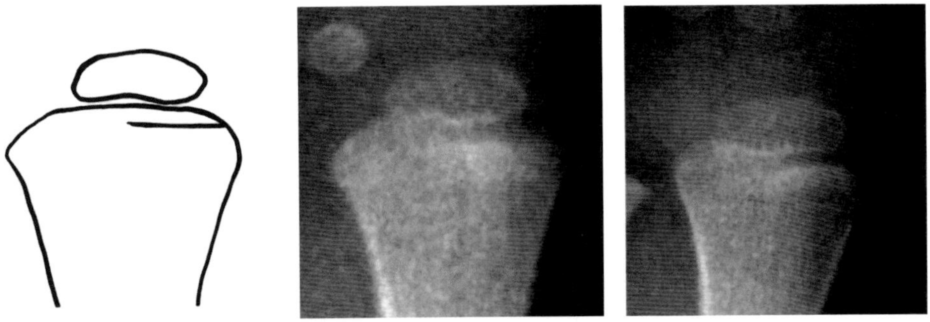

图3-3　桡骨RUS-CHN等级3和TW3-C RUS等级3或TW3 RUS等级D

（四）RUS-CHN等级4和TW3-C RUS等级4或TW3 RUS等级E

骨骺远侧呈现重影（图3-4）。

**说明：靠近骨骺远侧缘的白线是掌侧面的投影，而白线旁低密度影则是背侧面的投影。

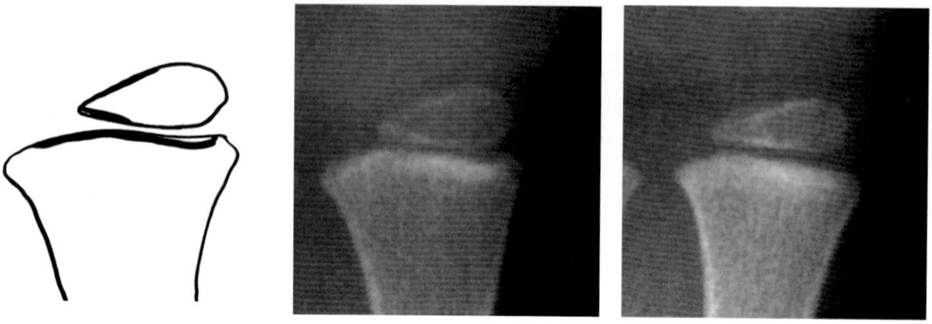

图3-4 桡骨RUS-CHN等级4和TW3-C RUS等级4或TW3 RUS等级E

（五）RUS-CHN等级5和TW3-C RUS等级5或TW3 RUS等级F

1．骨骺近端为一致密白线，宽且不规则，提示骨骺近侧缘已分化为掌侧面和背侧面。

2．骨骺的内、外两端圆隆，内侧更明显，近侧缘走势与桡骨干骺端大部分平行一致（图3-5）。

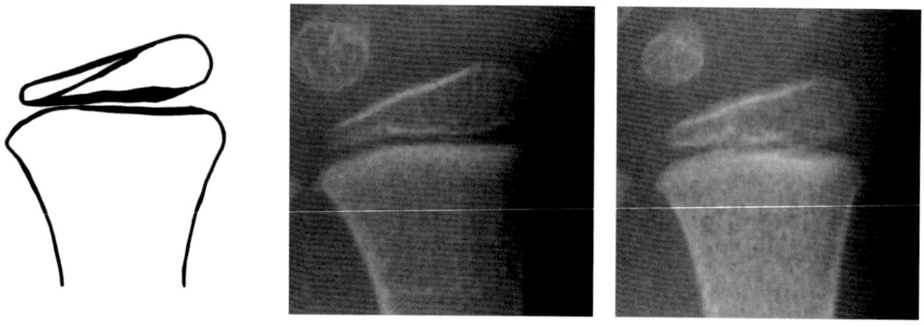

图3-5 桡骨RUS-CHN等级5和TW3-C RUS等级5或TW3 RUS等级F

（六）RUS-CHN等级6和TW3-C RUS等级6或TW3 RUS等级G

1. 骨骺远侧背面已有明显的月骨和舟骨关节缘，两处关节缘交界部呈小峰状。

2. 骨骺内侧分化为掌侧关节面（白线）和背侧关节面（阴影），此为下尺桡关节面雏形。

3. 骨骺近侧缘略向远侧拱起（近侧关节面略凹陷）（图3-6）。

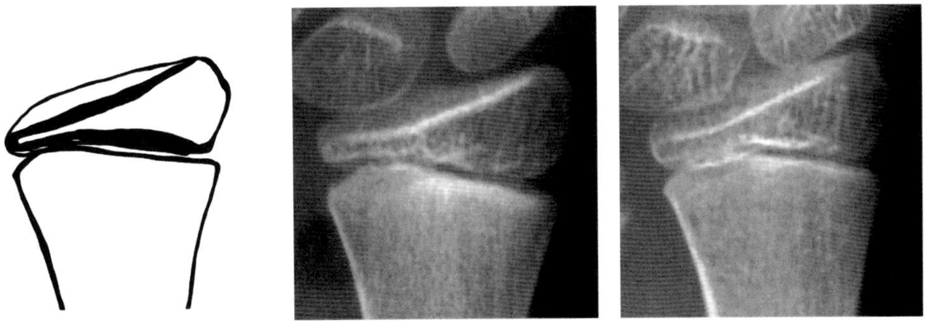

图3-6 桡骨RUS-CHN等级6和TW3-C RUS等级6或TW3 RUS等级G

（七）RUS-CHN等级7和TW3-C RUS等级7或TW3 RUS等级H

骨骺覆盖桡骨干骺端的一侧（常为内侧）或双侧（图3-7）。

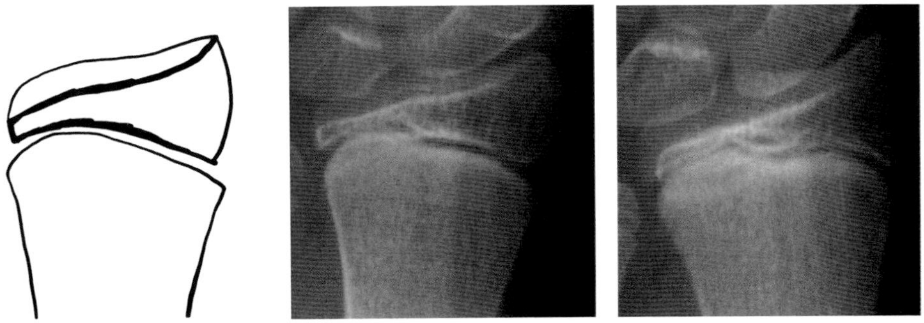

图3-7 桡骨RUS-CHN等级7和TW3-C RUS等级7或TW3 RUS等级H

（八）RUS-CHN等级8和TW3-C RUS等级8或TW3 RUS等级I

1. 骨骺开始融合，融合线黑白相间，白色已融合部分占1/4以上，但小于全长；黑色为残留骨骺软骨区。

2. 干骺完全融合，白色融合线可部分或完全消失。（图3-8）。

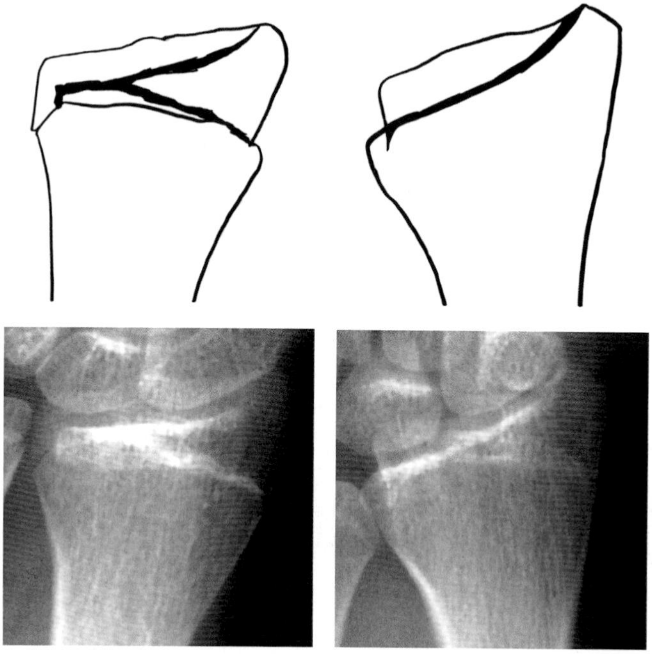

图3-8 桡骨RUS-CHN等级8和TW3-C RUS等级8或TW3 RUS等级I

二、尺骨

（一）RUS-CHN等级1和TW3-C RUS等级1或TW3 RUS等级B

骨化中心刚刚出现，呈白色钙沉着点，边界不清（图3-9）；偶可有1个以上。

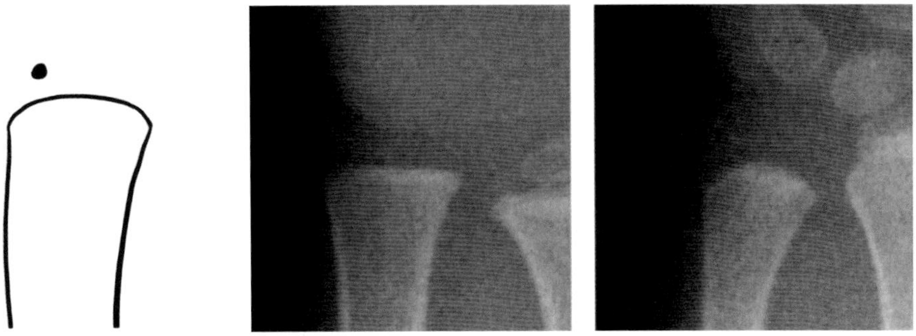

图3-9　尺骨RUS-CHN等级1和TW3-C RUS等级1或TW3 RUS等级B

（二）RUS-CHN等级2和TW3-C RUS等级2或TW3 RUS等级C

骨化中心清晰可见，有平滑连续的缘（图3-10）。

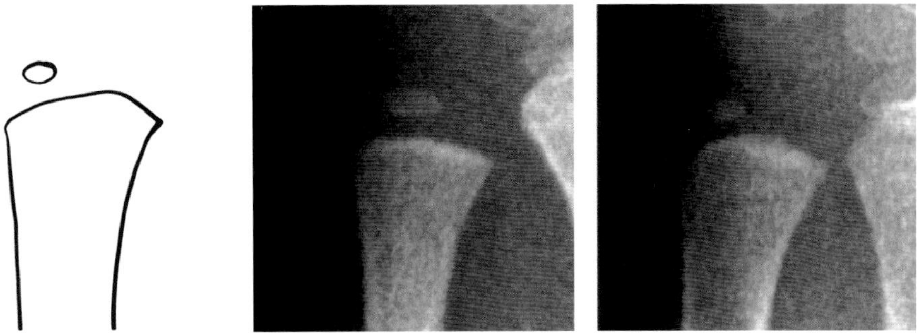

图3-10　尺骨RUS-CHN等级2和TW3-C RUS等级2或TW3 RUS等级C

（三）RUS-CHN等级3和TW3-C RUS等级3或TW3 RUS等级D

1．骺最大直径为骨干宽的一半或一半以上（图3-11）。

2．骺横向的内、外侧直径比纵向的远、近侧直径大得多。

3．骺近侧和远侧缘都变平，但并不一定平行；骺通常为楔形，尖端指向外侧。

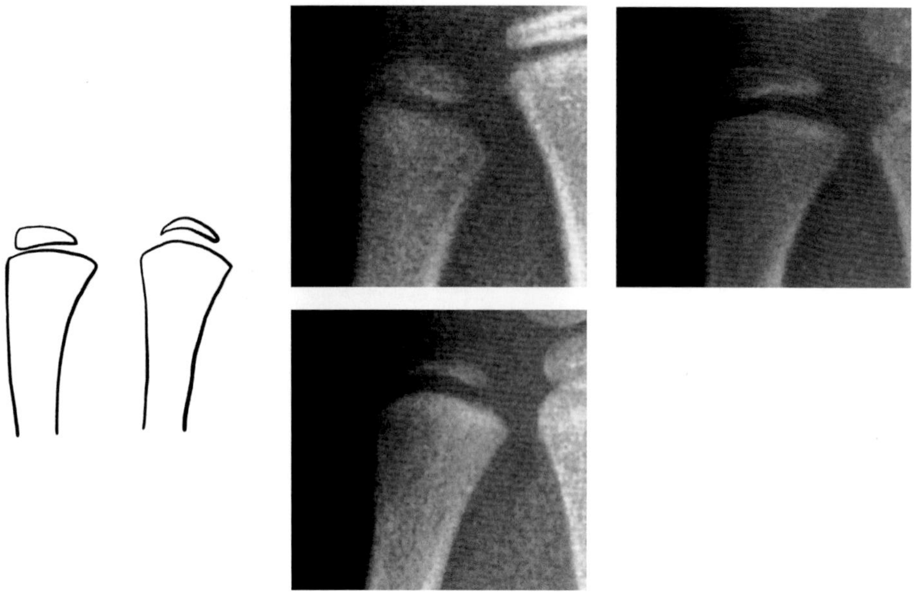

图3-11　尺骨RUS-CHN等级3和TW3-C RUS等级3或TW3 RUS等级D

（四）RUS-CHN等级4和TW3-C RUS等级4或TW3 RUS等级E

骨骺远内侧的茎突清晰可见，但凸起较小（图3-12）。

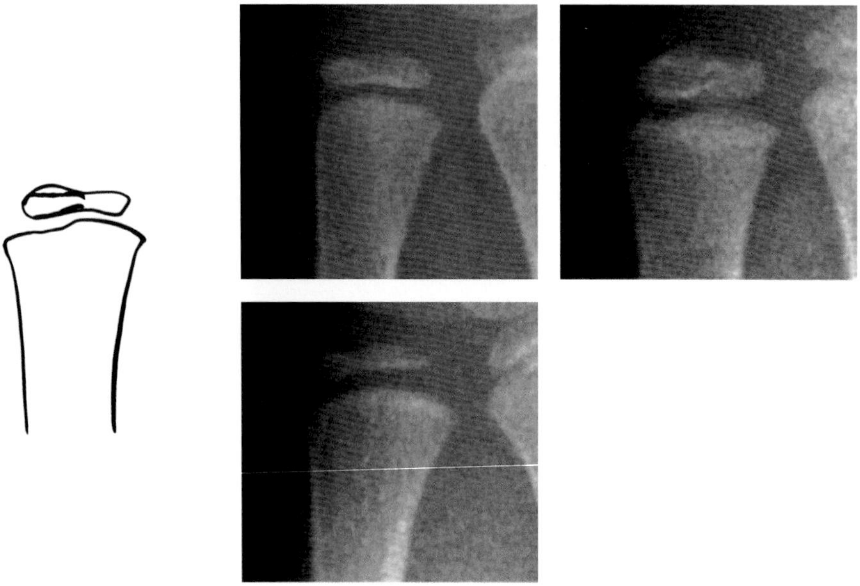

图3-12　尺骨RUS-CHN等级4和TW3-C RUS等级4或TW3 RUS等级E

（五）RUS-CHN等级5和TW3-C RUS等级5或TW3 RUS等级F

1．骨骺外侧的尺骨头清晰可见，尺骨头内侧白线（内侧关节面投影）使尺骨头与茎突区分开来；尺骨头和茎突交界处近侧缘、远侧缘形态凹陷（图3-13）。

2．骨骺与桡骨骨骺邻近的边缘变平直。

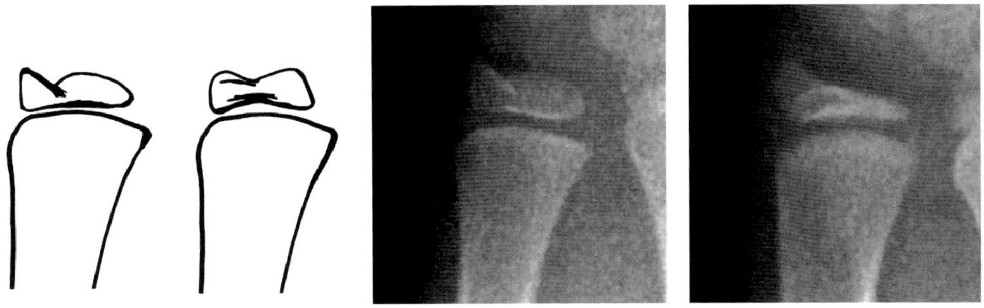

图3-13 尺骨RUS-CHN等级5和TW3-C RUS等级5或TW3 RUS等级F

（六）RUS-CHN等级6和TW3-C RUS等级6或TW3 RUS等级G

1．骺近侧缘在两侧与骨干等宽（图3-14）。

2．骺近侧缘和骨干远侧缘在中间1/3处相互重叠。

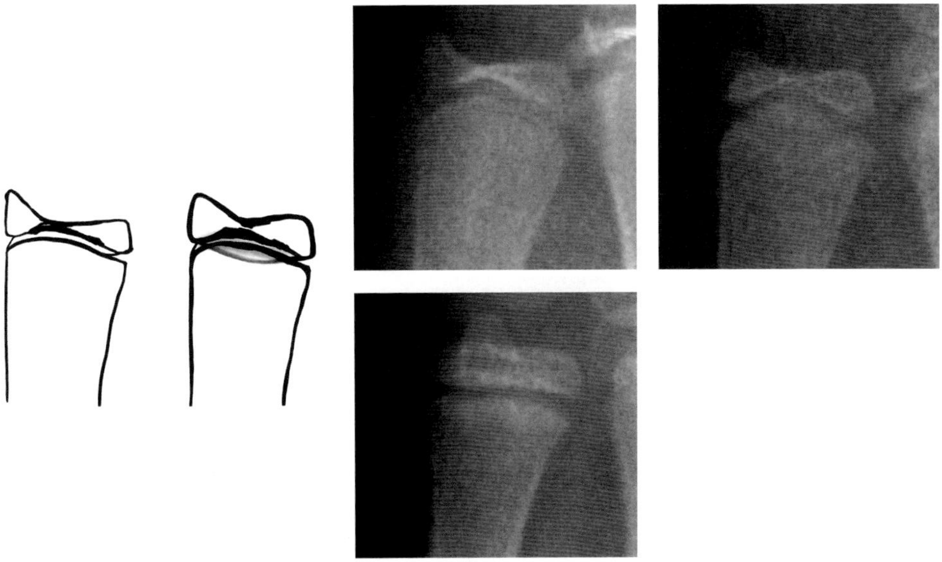

图3-14 尺骨RUS-CHN等级6和TW3-C RUS等级6或TW3 RUS等级G

（七）RUS-CHN等级7和TW3-C RUS等级7或TW3 RUS等级H

1. 骨骺开始融合，融合线黑白相间。在茎突一侧通常较清晰。
2. 干骺完全融合，白色融合线可部分或完全消失（图3-15）。

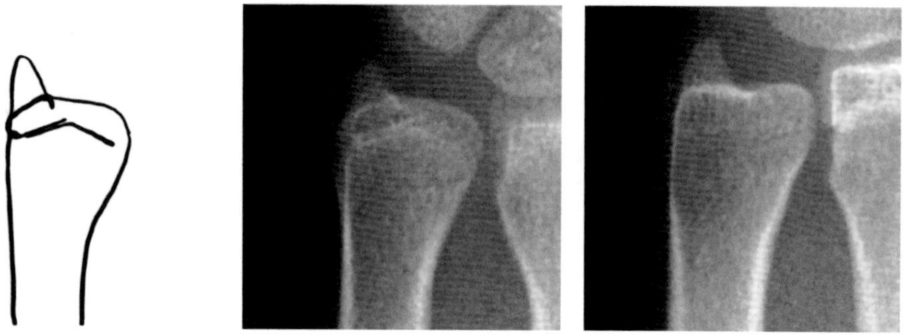

图3-15　尺骨RUS-CHN等级7和TW3-C RUS等级7或TW3 RUS等级H

三、第一掌骨

（一）RUS-CHN等级1和TW3-C RUS等级1或TW3 RUS等级B

骨化中心仅可见一个钙化点，极少为多个，边缘不清晰（图3-16）。

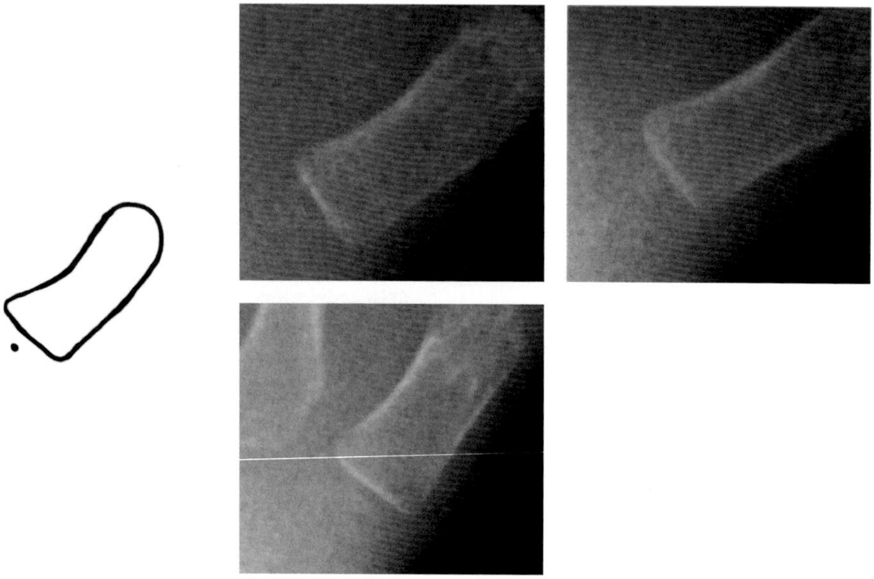

图3-16　掌骨RUS-CHN等级1和TW3-C RUS等级1或TW3 RUS等级B

（二）RUS-CHN等级2和TW3-C RUS等级2或TW3 RUS等级C

骨化中心清晰可见，形状为椭圆形，有平滑连续的缘（图3-17）。

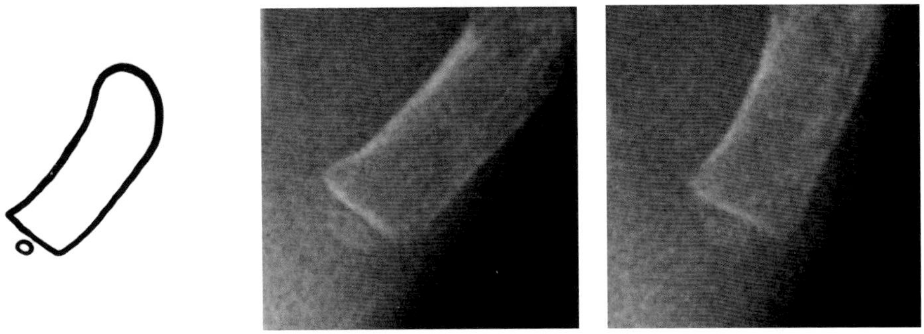

图3-17 掌骨RUS-CHN等级2和TW3-C RUS等级2或TW3 RUS等级C

（三）RUS-CHN等级3和TW3-C RUS等级3或TW3 RUS等级D

骺最大直径为骨干宽的一半或一半以上（图3-18）。

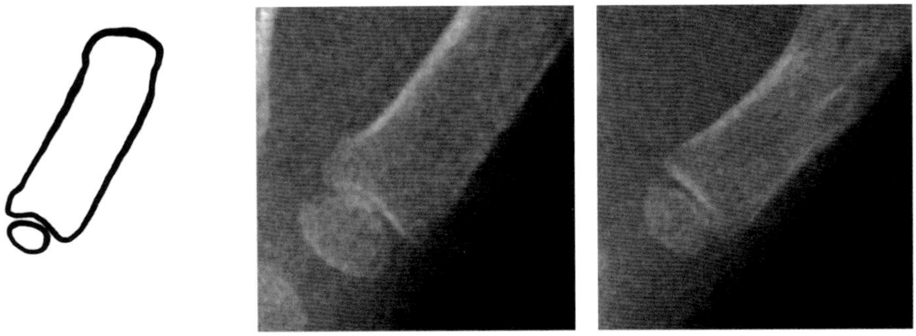

图3-18 掌骨RUS-CHN等级3和TW3-C RUS等级3或TW3 RUS等级D

（四）RUS-CHN等级4和TW3-C RUS等级4或TW3 RUS等级E

1．骺与骨干等宽（图3-19）。

2．骺近侧缘凹（开始出现掌侧面和背侧面）。

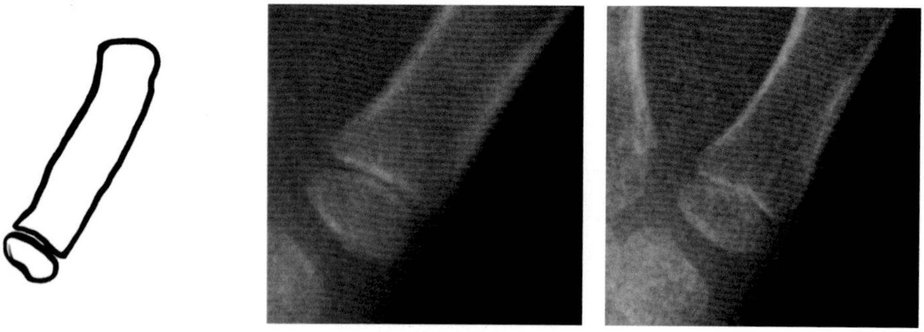

图3-19　掌骨RUS-CHN等级4和TW3-C RUS等级4或TW3 RUS等级E

（五）RUS-CHN等级5和TW3-C RUS等级5或TW3 RUS等级F

骨骺近侧缘呈舟形，内侧缘由圆隆变为平直（图3-20）。

**说明：骨骺近侧缘的舟形结构称为鞍状嵴，形态上与大多角骨相适应。

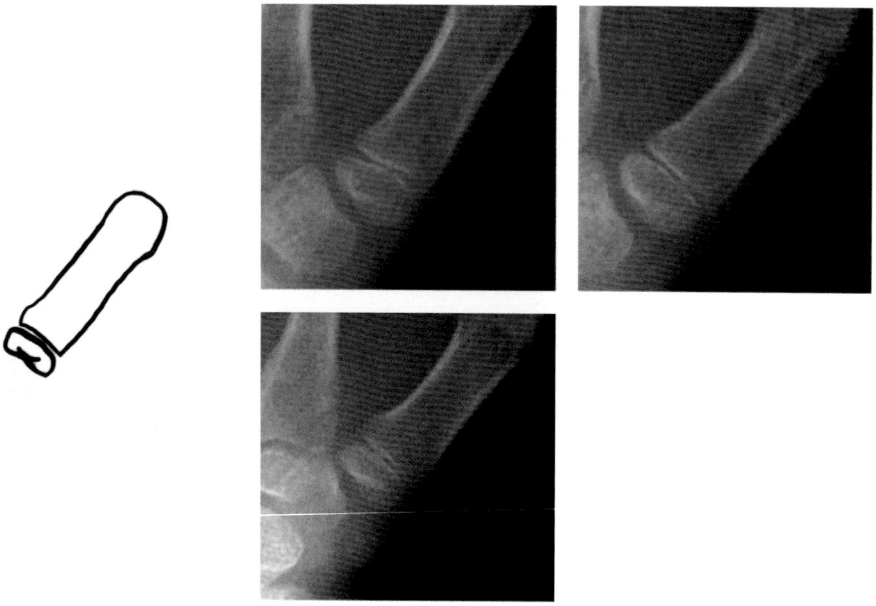

图3-20　掌骨RUS-CHN等级5和TW3-C RUS等级5或TW3 RUS等级F

（六）RUS-CHN等级6和TW3-C RUS等级6或TW3 RUS等级G

骺在一侧或双侧覆盖骨干（由于拇指的转动，内侧的覆盖通常比外侧更清晰）（图3-21）。

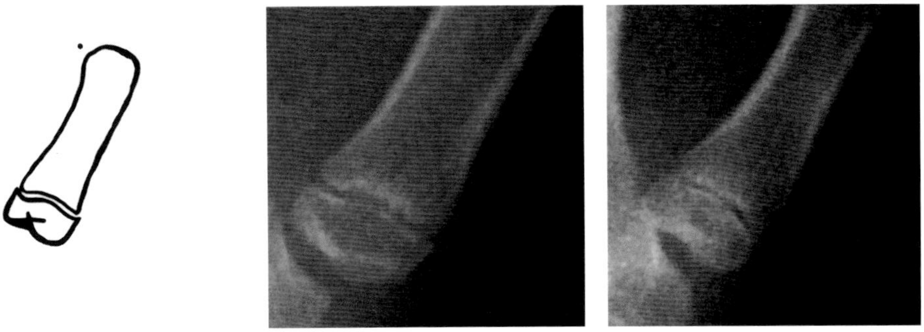

图3-21　掌骨RUS-CHN等级6和TW3-C RUS等级6或TW3 RUS等级G

（七）RUS-CHN等级7和TW3-C RUS等级7或TW3 RUS等级H

骨骺开始融合，融合线黑白相间。白线代表融合改变，占全长的1/4以上，但小于全长（图3-22）。

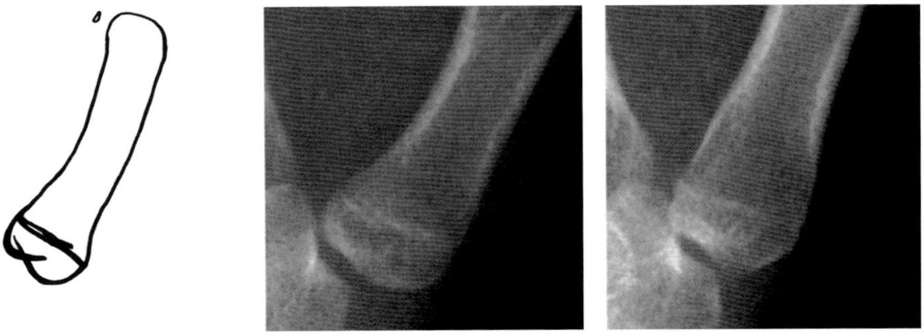

图3-22　掌骨RUS-CHN等级7和TW3-C RUS等级7或TW3 RUS等级H

（八）RUS-CHN等级8和TW3-C RUS等级8或TW3 RUS等级I

骺和骨干完全融合（大部分融合线消失，但仍可见部分残余的致密线）（图3-23）。

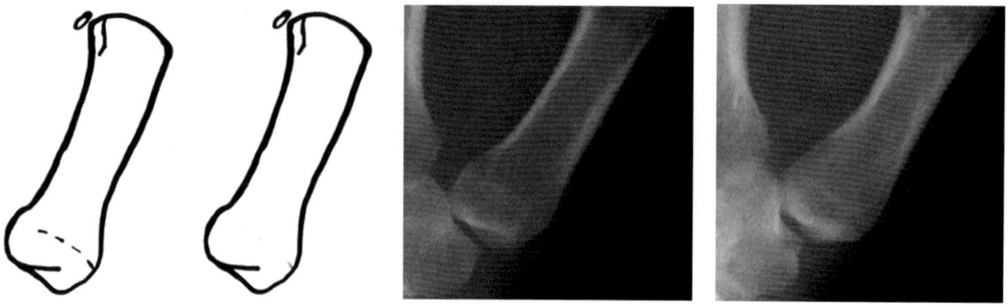

图3-23　掌骨RUS-CHN等级8和TW3-C RUS等级8或TW3 RUS等级I

四、第三、第五掌骨

（一）RUS-CHN等级1和TW3-C RUS等级1或TW3 RUS等级B

骨化中心仅可见一个钙化点，极少为多个，边缘不清晰（图3-24）。

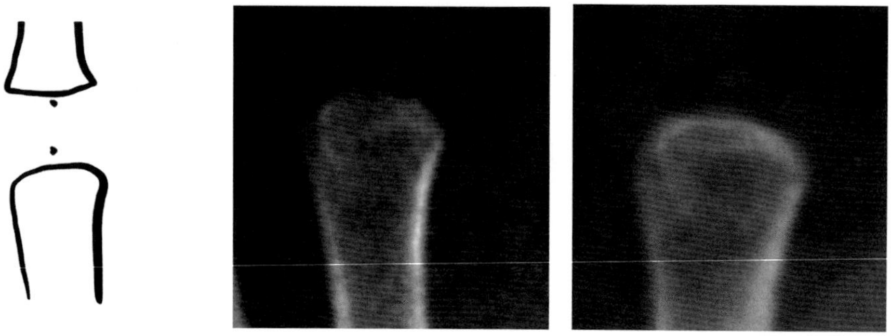

图3-24　第三、第五掌骨RUS-CHN等级1和TW3-C RUS等级1或TW3 RUS等级B

（二）RUS-CHN等级2和TW3-C RUS等级2或TW3 RUS等级C

骨化中心清晰可见，为圆形，有平滑连续的缘（图3-25）。

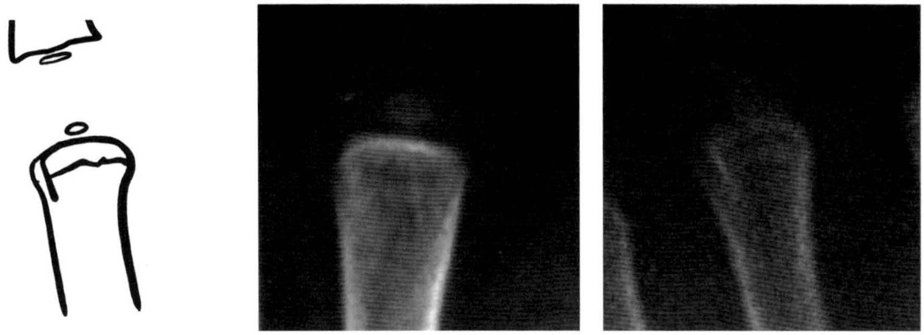

图3-25　第三、第五掌骨RUS-CHN等级2和TW3-C RUS等级2或TW3 RUS等级C

（三）RUS-CHN等级3和TW3-C RUS等级3或TW3 RUS等级D

骺横径为骨干宽的一半或一半以上（图3-26）。

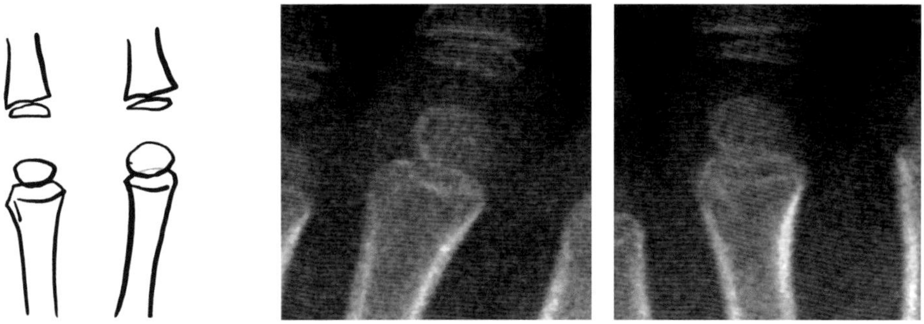

图3-26　第三、第五掌骨RUS-CHN等级3和TW3-C RUS等级3或TW3 RUS等级D

（四）RUS-CHN 等级 4 和 TW3-C RUS 等级 4 或 TW3 RUS 等级 E

骨骺形态从卵圆形变为半圆形、铲形或者指甲形（图 3-27）。

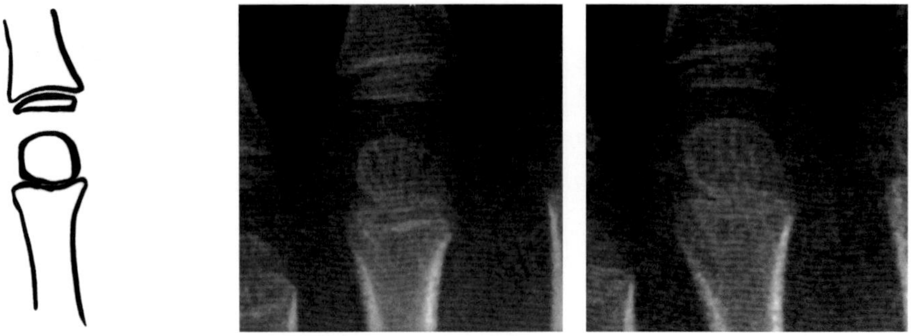

图 3-27　第三、第五掌骨 RUS-CHN 等级 4 和 TW3-C RUS 等级 4 或 TW3 RUS 等级 E

（五）RUS-CHN 等级 5 和 TW3-C RUS 等级 5 或 TW3 RUS 等级 F

骨骺可分辨出掌侧面。

**说明：掌侧面投影表现为：在骨骺内侧及外侧的低密度阴影（即背侧面新生骨的投影）中纵向走行的增粗白色线影（图 3-28）。

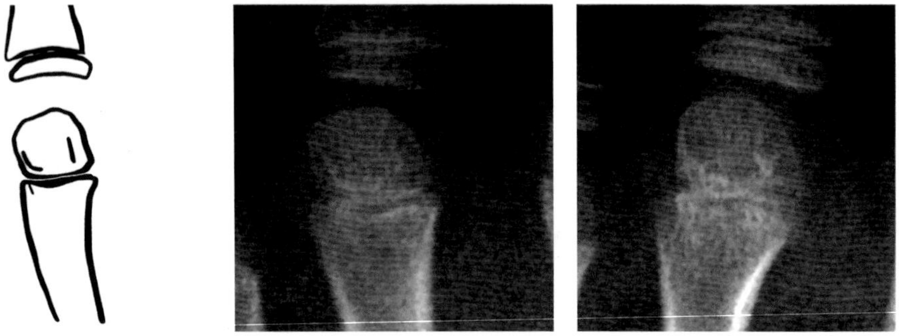

图 3-28　第三、第五掌骨 RUS-CHN 等级 5 和 TW3-C RUS 等级 5 或 TW3 RUS 等级 F

（六）RUS-CHN等级6和TW3-C RUS等级6或TW3 RUS等级G

骺等于或宽于掌骨干骺端的宽度（图3-29）。

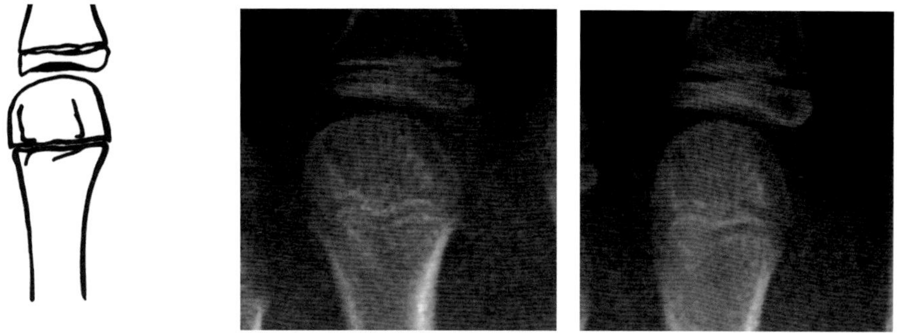

图3-29　第三、第五掌骨RUS-CHN等级6和TW3-C RUS等级6或TW3 RUS等级G

（七）RUS-CHN等级7和TW3-C RUS等级7或TW3 RUS等级H

干骺开始融合，融合线黑白相间。白线代表融合改变，占全长的1/4以上，但小于全长（图3-30）。

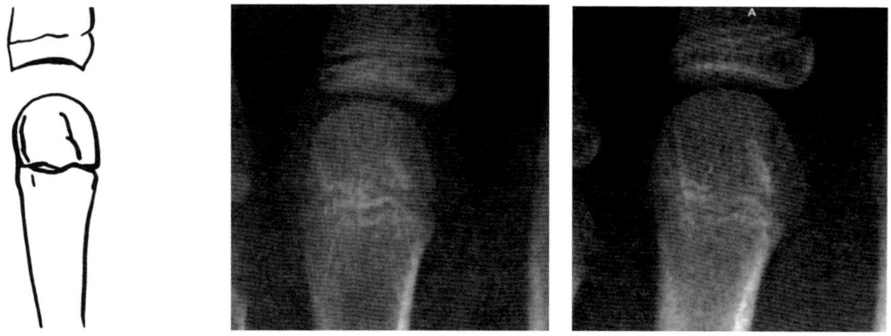

图3-30　第三、第五掌骨RUS-CHN等级7和TW3-C RUS等级7或TW3 RUS等级H

（八）RUS-CHN等级8和TW3-C RUS等级8或TW3 RUS等级I

骺和骨干完全融合（大部分融合线消失，但仍可见部分残余的致密线）（图3-31）。

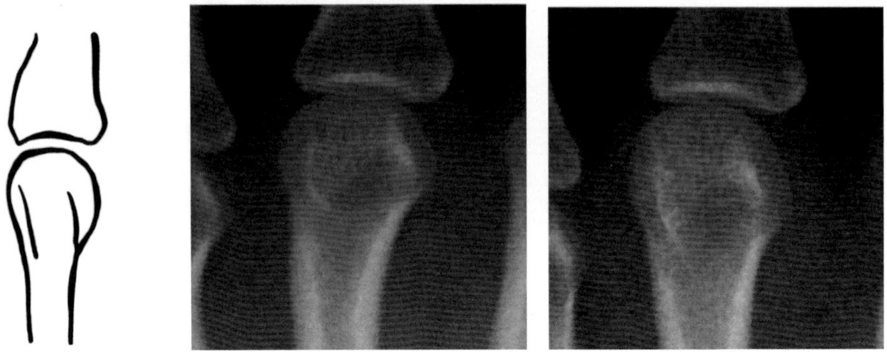

图3-31　第三、第五掌骨RUS-CHN等级8和TW3-C RUS等级8或TW3 RUS等级I

五、第一近节指骨

（一）RUS-CHN等级1和TW3-C RUS等级1或TW3 RUS等级B

骨化中心仅可见一个钙化点，极少为多个，边缘不清晰（图3-32）。

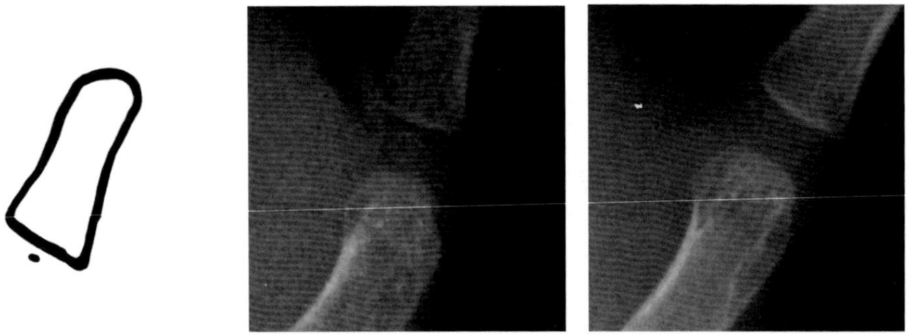

图3-32　第一近节指骨RUS-CHN等级1和TW3-C RUS等级1或TW3 RUS等级B

（二）RUS-CHN等级2和TW3-C RUS等级2或TW3 RUS等级C

骨化中心清晰可见，为圆盘形，有平滑连续的缘（可能出现多个骨化中心，但即使其直径之和超过骨干宽的一半，也为该等级）（图3-33）。

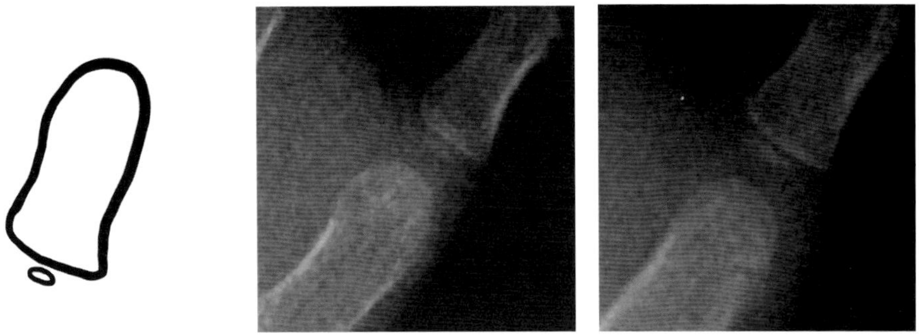

图3-33　第一近节指骨RUS-CHN等级2和TW3-C RUS等级2或TW3 RUS等级C

（三）RUS-CHN等级3和TW3-C RUS等级3或TW3 RUS等级D

骺最大直径为骨干宽的一半或一半以上（图3-34）。

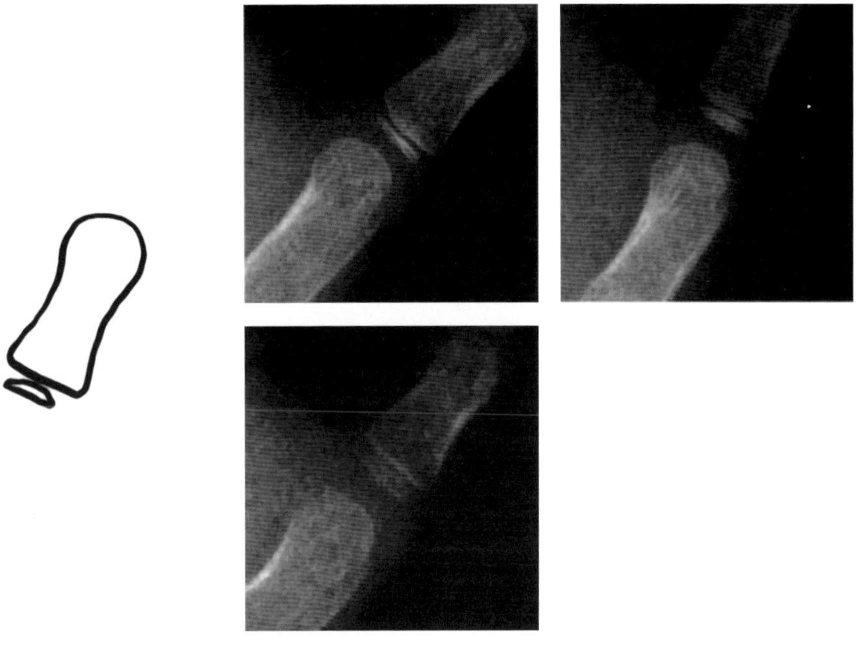

图3-34　第一近节指骨RUS-CHN等级3和TW3-C RUS等级3或TW3 RUS等级D

（四）RUS-CHN等级4和TW3-C RUS等级4或TW3 RUS等级E

1. 骨骺近端呈拱形（指关节面凹陷），常增厚。
2. 骨骺呈楔形，内侧缘比外侧缘长（图3-35）。

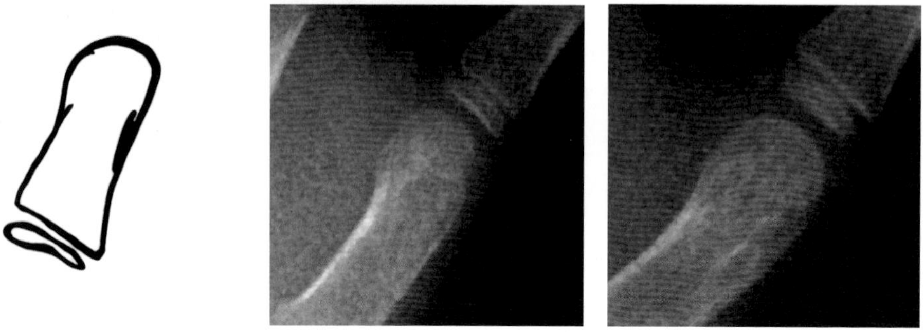

图3-35　第一近节指骨RUS-CHN等级4和TW3-C RUS等级4或TW3 RUS等级E

（五）RUS-CHN等级5和TW3-C RUS等级5或TW3 RUS等级F

骨骺宽度大于第一近节指骨干骺端宽度，内侧尤其明显。干、骺走向一致（图3-36）。

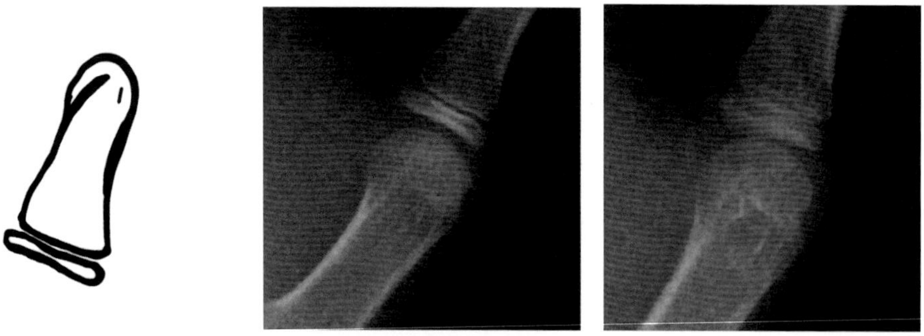

图3-36　第一近节指骨RUS-CHN等级5和TW3-C RUS等级5或TW3 RUS等级F

（六）RUS-CHN等级6和TW3-C RUS等级6或TW3 RUS等级G

骨骺覆盖第一近节指骨干骺端，内侧比外侧明显（图3-37）。

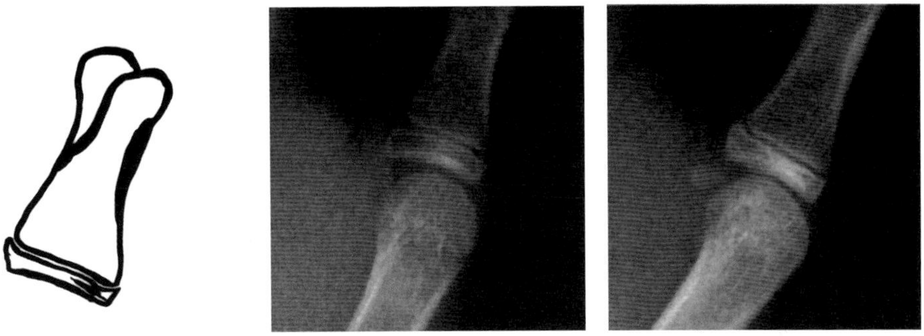

图3-37　第一近节指骨RUS-CHN等级6和TW3-C RUS等级6或TW3 RUS等级G

（七）RUS-CHN等级7和TW3-C RUS等级7或TW3 RUS等级H

骨骺开始融合，融合线黑白相间。白线代表融合改变，占全长的1/4以上，但小于全长（图3-38）。

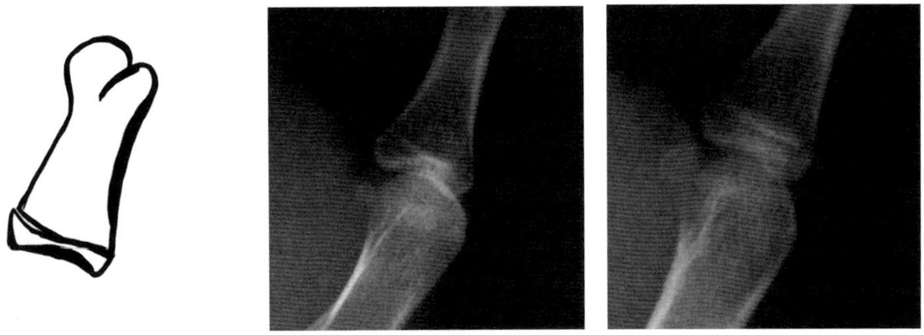

图3-38　第一近节指骨RUS-CHN等级7和TW3-C RUS等级7或TW3 RUS等级H

（八）RUS-CHN等级8和TW3-C RUS等级8或TW3 RUS等级I

骺和骨干完全融合（大部分融合线消失，但仍可见部分残余的致密线）（图3-39）。

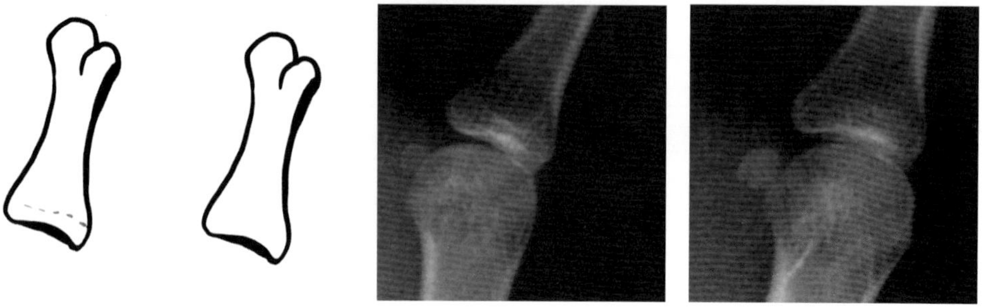

图3-39　第一近节指骨RUS-CHN等级8和TW3-C RUS等级8或TW3 RUS等级I

六、第三、第五近节指骨

（一）RUS-CHN等级1和TW3-C RUS等级1或TW3 RUS等级B

骨化中心仅可见一个钙化点，极少为多个，边缘不清晰（图3-40）。

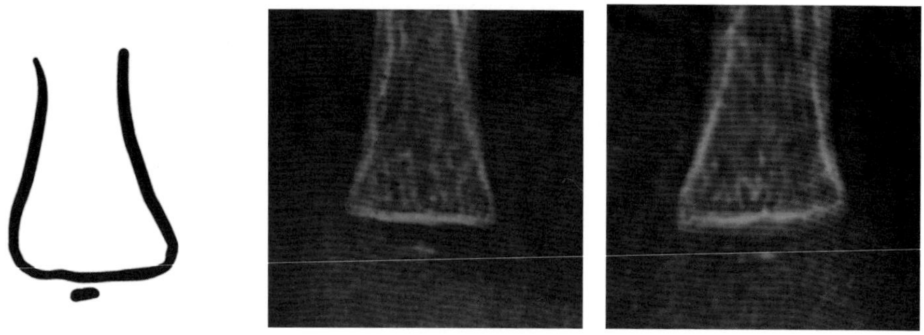

图3-40　第三、第五近节指骨RUS-CHN等级1和TW3-C RUS等级1或TW3 RUS等级B

（二）RUS-CHN等级2和TW3-C RUS等级2或TW3 RUS等级C

骨化中心清晰可见，为圆盘形，有平滑连续的缘（图3-41）。

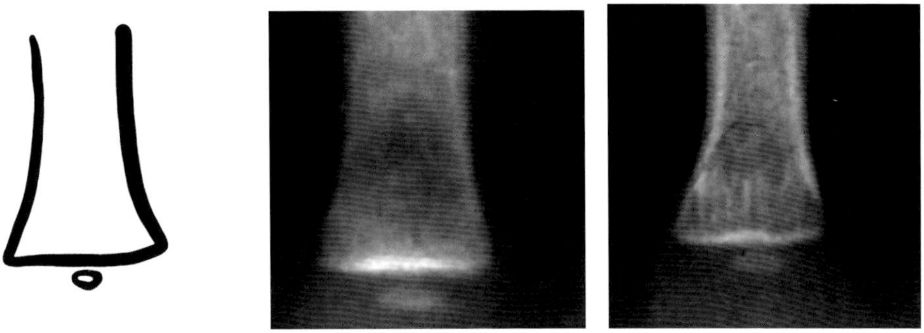

图3-41　第三、第五近节指骨RUS-CHN等级2和TW3-C RUS等级2或TW3 RUS等级C

（三）RUS-CHN等级3和TW3-C RUS等级3或TW3 RUS等级D

骺最大直径为骨干的一半或一半以上（图3-42）。

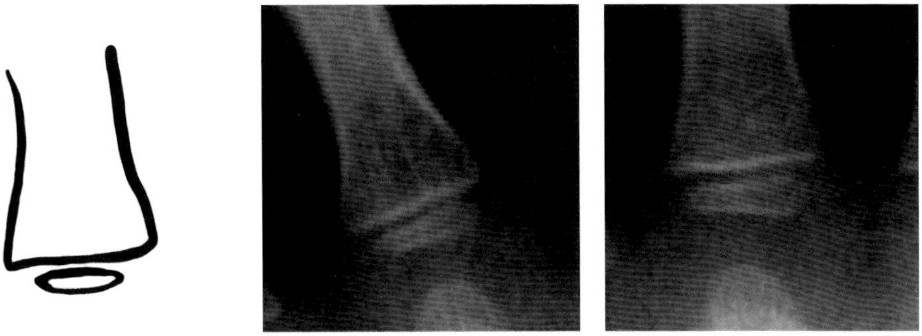

图3-42　第三、第五近节指骨RUS-CHN等级3和TW3-C RUS等级3或TW3 RUS等级D

（四）RUS-CHN等级4和TW3-C RUS等级4或TW3 RUS等级E

骨骺近端呈拱形（指关节面凹陷），明显增厚（图3-43）。

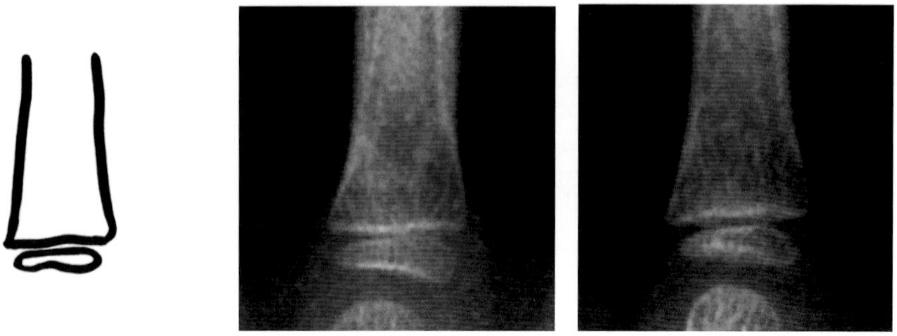

图3-43　第三、第五近节指骨RUS-CHN等级4和TW3-C RUS等级4或TW3 RUS等级E

（五）RUS-CHN等级5和TW3-C RUS等级5或TW3 RUS等级F

骺在两侧和骨干等宽，干、骺走向一致（图3-44）。

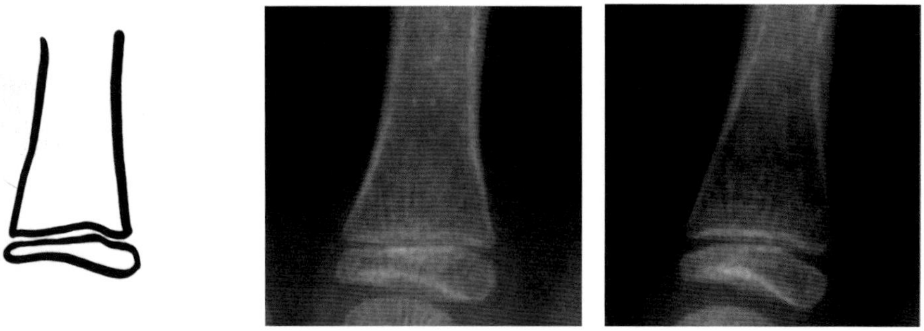

图3-44　第三、第五近节指骨RUS-CHN等级5和TW3-C RUS等级5或TW3 RUS等级F

（六）RUS-CHN等级6和TW3-C RUS等级6或TW3 RUS等级G

骨骺覆盖第三、第五近节指骨干骺端（图3-45）。

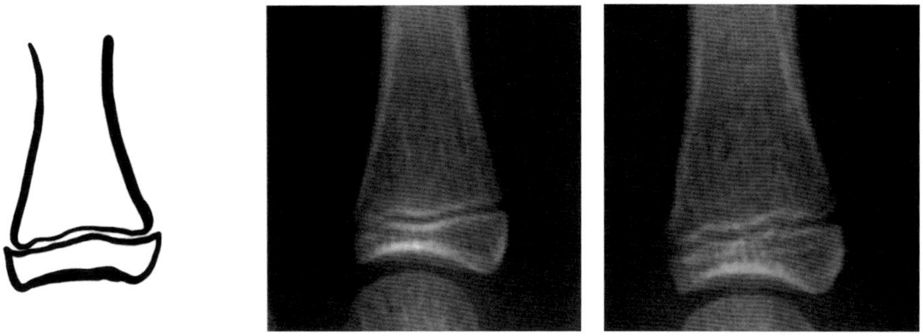

图3-45　第三、第五近节指骨RUS-CHN等级6和TW3-C RUS等级6或TW3 RUS等级G

（七）RUS-CHN等级7和TW3-C RUS等级7或TW3 RUS等级H

骨骺开始融合，融合线黑白相间。白线代表融合改变，占全长的1/4以上，但小于全长（图3-46）。

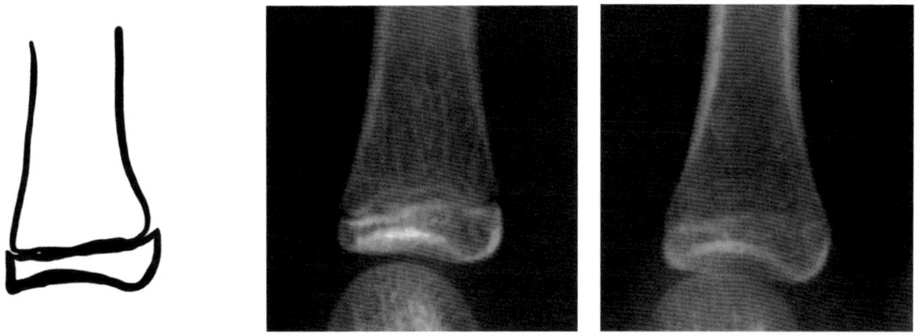

图3-46　第三、第五近节指骨RUS-CHN等级7和TW3-C RUS等级7或TW3 RUS等级H

（八）RUS-CHN等级8和TW3-C RUS等级8或TW3 RUS等级I

骺和骨干完全融合（大部分融合线消失，但仍可见部分残余的致密线）（图3-47）。

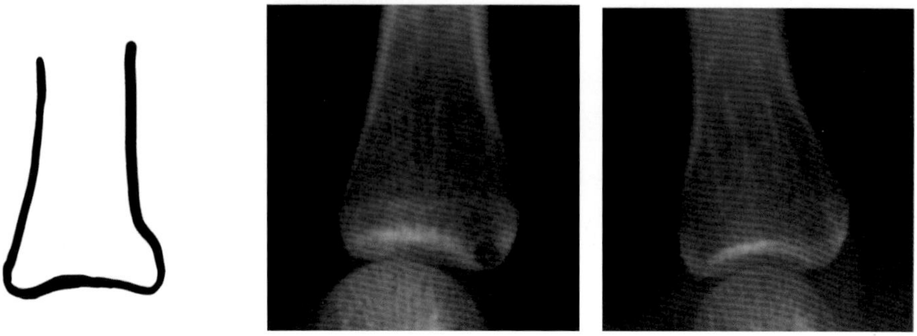

图3-47 第三、第五近节指骨RUS-CHN等级8和TW3-C RUS等级8或TW3 RUS等级I

七、第三、第五中节指骨

（一）RUS-CHN等级1和TW3-C RUS等级1或TW3 RUS等级B

骨化中心仅可见一个钙化点，极少为多个，边缘不清晰（图3-48）。

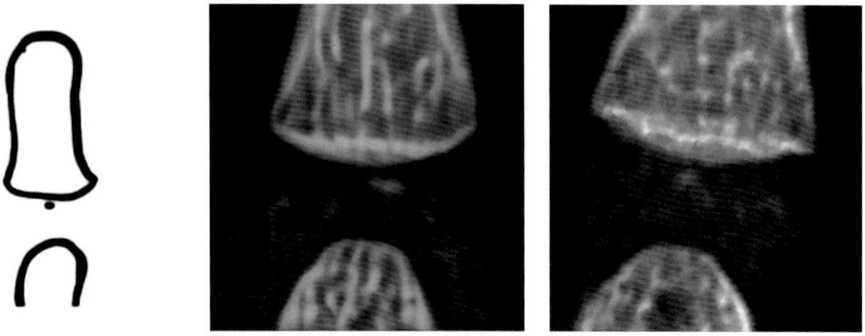

图3-48 第三、第五中节指骨RUS-CHN等级1和TW3-C RUS等级1或TW3 RUS等级B

（二）RUS-CHN等级2和TW3-C RUS等级2或TW3 RUS等级C

骨化中心清晰可见，为圆盘形，有平滑连续的缘（图3-49）。

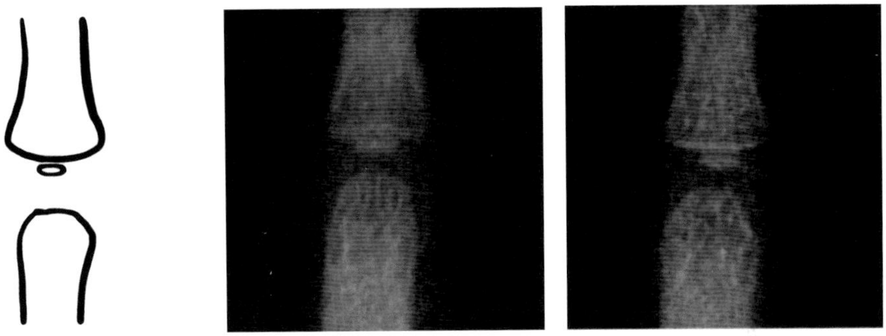

图3-49 第三、第五中节指骨RUS-CHN等级2和TW3-C RUS等级2或TW3 RUS等级C

（三）RUS-CHN等级3和TW3-C RUS等级3或TW3 RUS等级D

骺最大直径为骨干宽的一半或一半以上（图3-50）。

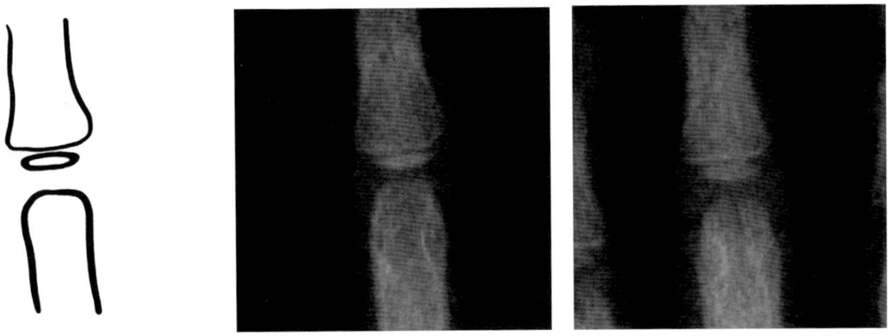

图3-50 第三、第五中节指骨RUS-CHN等级3和TW3-C RUS等级3或TW3 RUS等级D

（四）RUS-CHN等级4和TW3-C RUS等级4或TW3 RUS等级E

骨骺呈滑车形，近侧中部凸向邻近的第三/第五近节指骨远端，为滑车关节面雏形（图3-51）。

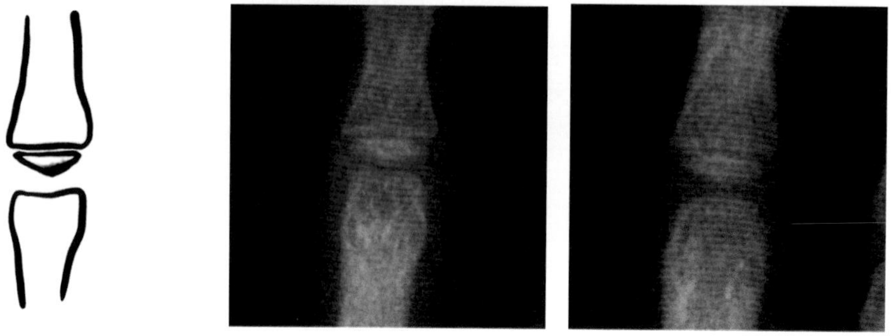

图3-51　第三、第五中节指骨RUS-CHN等级4和TW3-C RUS等级4或TW3 RUS等级E

（五）RUS-CHN等级5和TW3-C RUS等级5或TW3 RUS等级F

骺在两侧与骨干等宽（图3-52）。

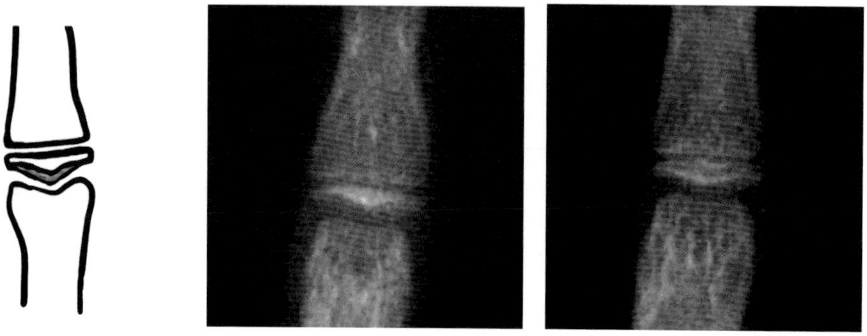

图3-52　第三、第五中节指骨RUS-CHN等级5和TW3-C RUS等级5或TW3 RUS等级F

（六）RUS-CHN等级6和TW3-C RUS等级6或TW3 RUS等级G

骺在一侧或两侧覆盖骨干（图3-53）。

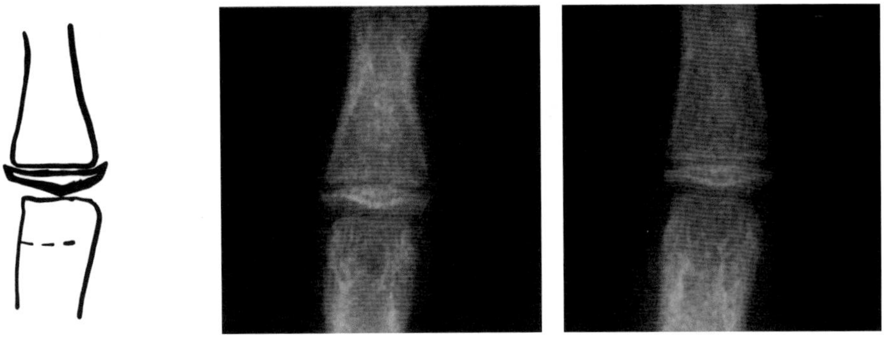

图3-53　第三、第五中节指骨RUS-CHN等级6和TW3-C RUS等级6或TW3 RUS等级G

（七）RUS-CHN等级7和TW3-C RUS等级7或TW3 RUS等级H

骨骺开始融合，融合线黑白相间。白线代表融合改变，占全长的1/4以上，但小于全长（图3-54）。

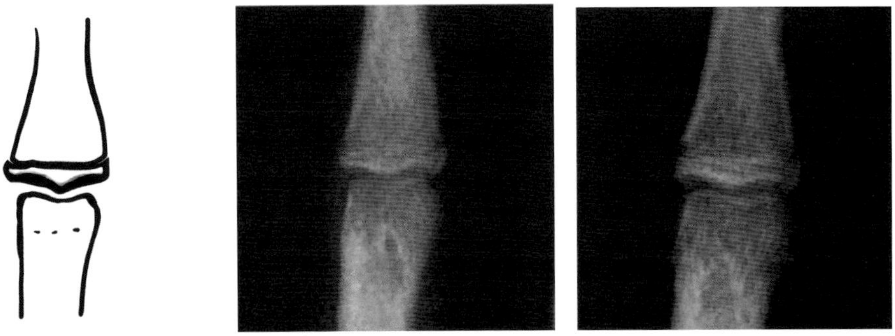

图3-54　第三、第五中节指骨RUS-CHN等级7和TW3-C RUS等级7或TW3 RUS等级H

（八）RUS-CHN等级8和TW3-C RUS等级8或TW3 RUS等级I

骺和骨干完全融合（大部分融合线消失，但仍可见部分残余的致密线）（图3-55）。

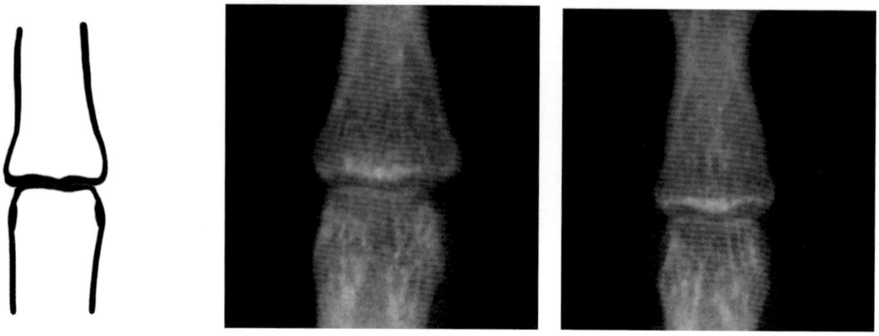

图3-55　第三、第五中节指骨RUS-CHN等级8和TW3-C RUS等级8或TW3 RUS等级I

八、第一远节指骨

（一）RUS-CHN等级1和TW3-C RUS等级1或TW3 RUS等级B

骨化中心仅可见一个钙化点，极少为多个，边缘不清晰（图3-56）。

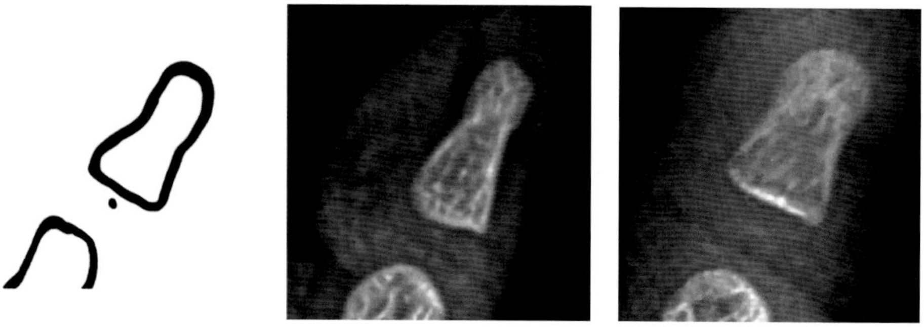

图3-56　第一远节指骨RUS-CHN等级1和TW3-C RUS等级1或TW3 RUS等级B

（二）RUS-CHN等级2和TW3-C RUS等级2或TW3 RUS等级C

骨化中心清晰可见，为圆盘形，有平滑连续的缘（图3-57）。

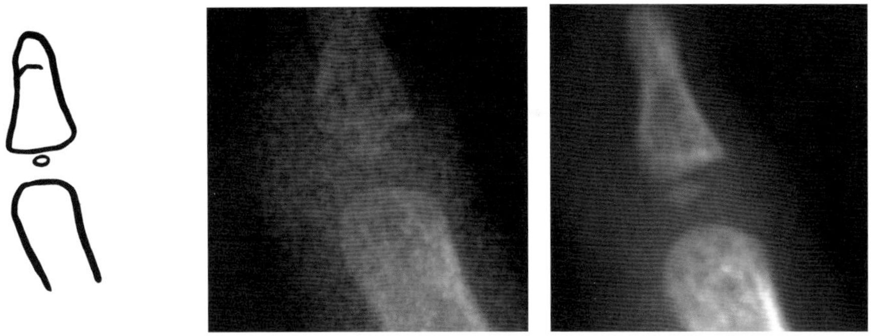

图3-57　第一远节指骨RUS-CHN等级2和TW3-C RUS等级2或TW3 RUS等级C

（三）RUS-CHN等级3和TW3-C RUS等级3或TW3 RUS等级D

骺最大直径为骨干宽的一半或一半以上（图3-58）。

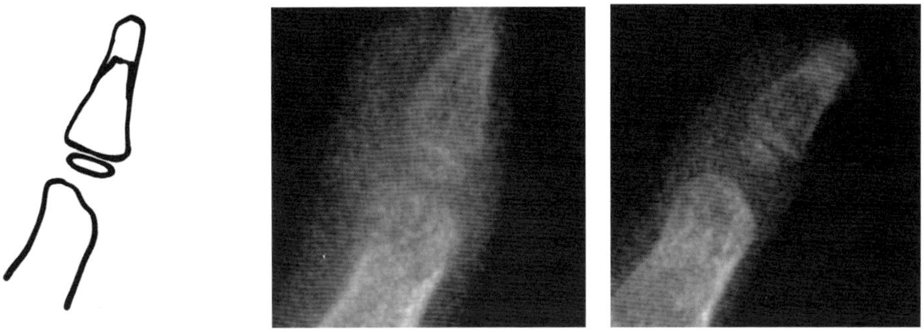

图3-58　第一远节指骨RUS-CHN等级3和TW3-C RUS等级3或TW3 RUS等级D

（四）RUS-CHN等级4和TW3-C RUS等级4或TW3 RUS等级E

1．骨骺与第一远节指骨干骺端等宽。

2．骨骺远端变得较为平直，近侧缘凸向第一近节指骨的远端（可能稍偏内侧），为滑车关节面雏形。（图3-59）。

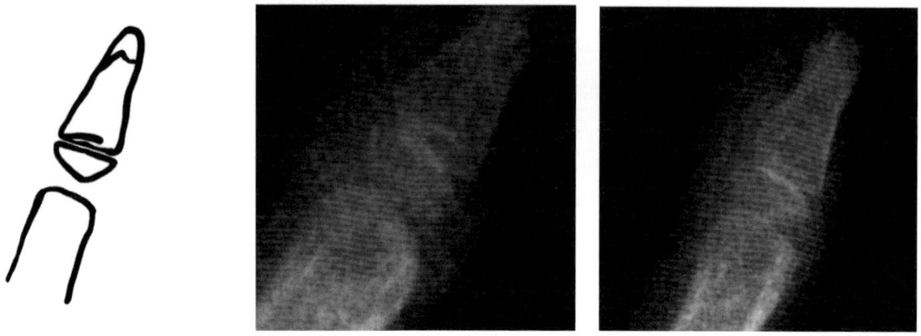

图3-59　第一远节指骨RUS-CHN等级4和TW3-C RUS等级4或TW3 RUS等级E

（五）RUS-CHN等级5和TW3-C RUS等级5或TW3 RUS等级F

1．骨骺近外侧缘凹陷，与第一近节指骨远端形状相匹配；或者表现为在近外侧阴影中出现凹陷的白线。

2．骨骺远端呈舟形，由内侧面、外侧面和底部构成。

3．骨骺宽度大于第一远节指骨干骺端（图3-60）。

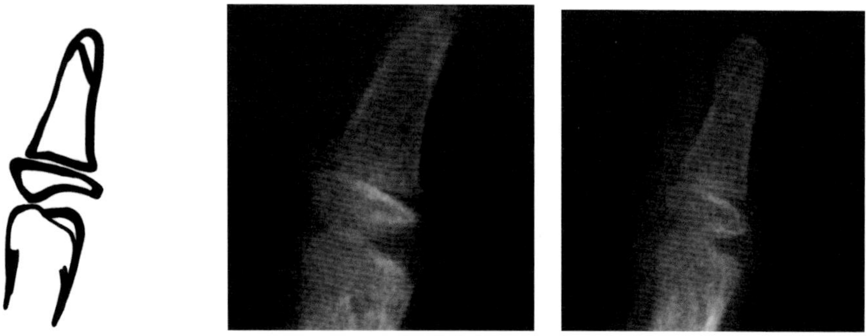

图3-60　第一远节指RUS-CHN等级5和TW3-C RUS等级5或TW3 RUS等级F

（六）RUS-CHN等级6和TW3-C RUS等级6或TW3 RUS等级G

骺在一侧或两侧覆盖骨干（图3-61）。

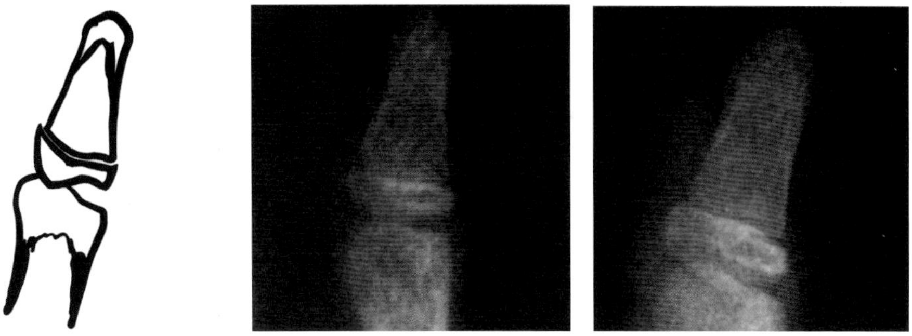

图3-61　第一远节指骨RUS-CHN等级6和TW3-C RUS等级6或TW3 RUS等级G

（七）RUS-CHN等级7和TW3-C RUS等级7或TW3 RUS等级H

骨骺开始融合，融合线黑白相间。白线代表融合改变，占全长的1/4以上，但小于全长（图3-62）。

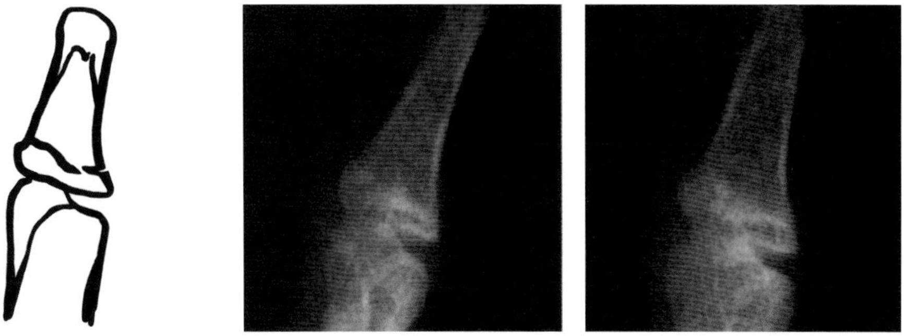

图3-62　第一远节指骨RUS-CHN等级7和TW3-C RUS等级7或TW3 RUS等级H

（八）RUS-CHN等级8和TW3-C RUS等级8或TW3 RUS等级I

骺和骨干完全融合（大部分融合线消失，但仍可见部分残余的致密线）（图3-63）。

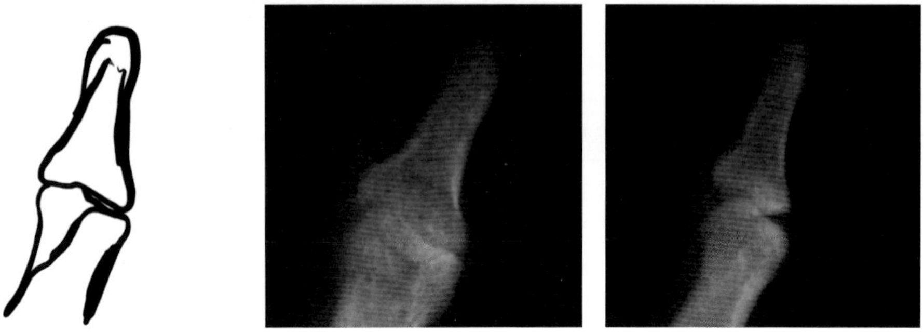

图3-63　第一远节指骨RUS-CHN等级8和TW3-C RUS等级8或TW3 RUS等级I

九、第三、第五远节指骨

（一）RUS-CHN等级1和TW3-C RUS等级1或TW3 RUS等级B

骨化中心仅可见一个钙化点，极少为多个，边缘不清晰（图3-64）。

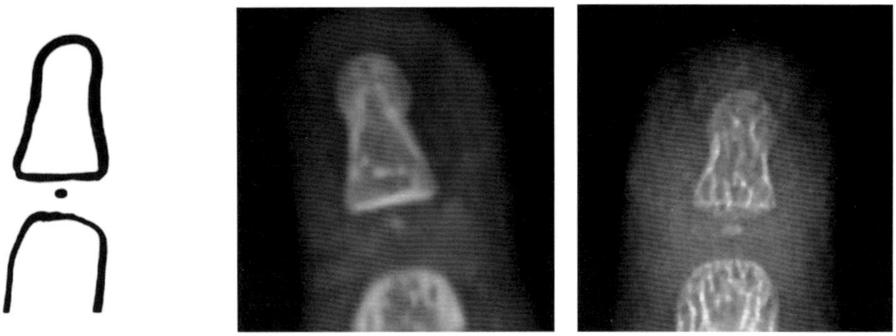

图3-64　第三、第五远节指骨RUS-CHN等级1和TW3-C RUS等级1或TW3 RUS等级B

（二）RUS-CHN 等级 2 和 TW3-C RUS 等级 2 或 TW3 RUS 等级 C

骨化中心清晰可见，为圆盘形，有平滑连续的缘（图 3-65）。

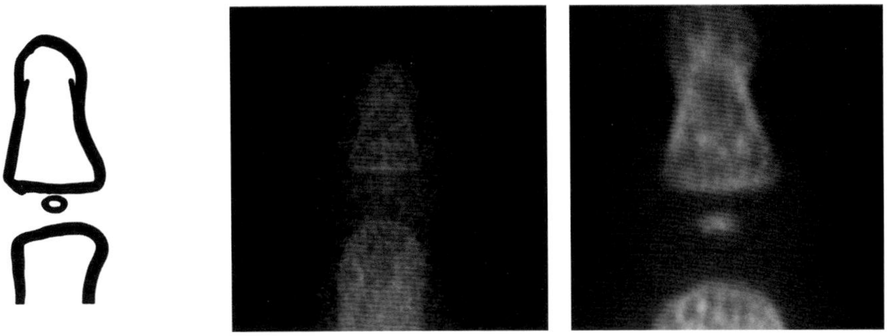

图 3-65　第三、第五远节指骨 RUS-CHN 等级 2 和 TW3-C RUS 等级 2 或 TW3 RUS 等级 C

（三）RUS-CHN 等级 3 和 TW3-C RUS 等级 3 或 TW3 RUS 等级 D

骺最大直径为骨干宽的一半或一半以上（图 3-66）。

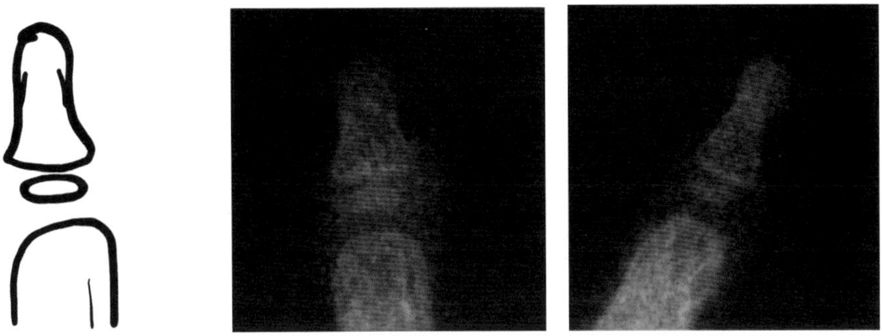

图 3-66　第三、第五远节指骨 RUS-CHN 等级 3 和 TW3-C RUS 等级 3 或 TW3 RUS 等级 D

（四）RUS-CHN等级4和TW3-C RUS等级4或TW3 RUS等级E

1．骺与骨干等宽。

2．骨骺的近侧缘中部凸向邻近的中节指骨远端，为滑车关节面雏形（图3-67）。

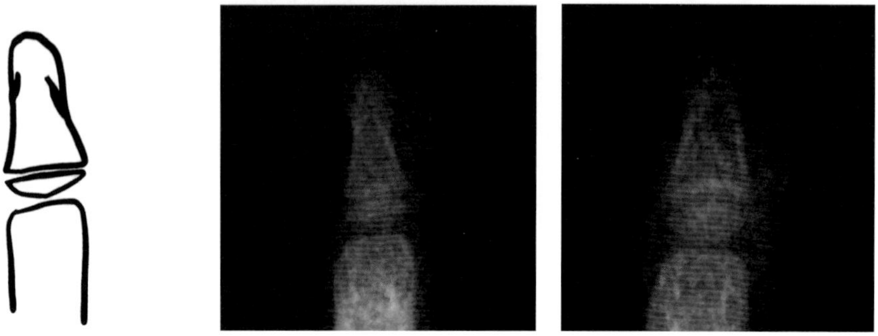

图3-67　第三、第五远节指骨RUS-CHN等级4和TW3-C RUS等级4或TW3 RUS等级E

（五）RUS-CHN等级5和TW3-C RUS等级5或TW3 RUS等级F

骨骺近侧缘分化为掌侧面和背侧面，背侧面的投影是一条增厚白线，掌侧面的投影是在白线近侧的阴影。掌侧面、背侧面都呈滑车形，以适应邻近中节指骨的关节面（图3-68）。

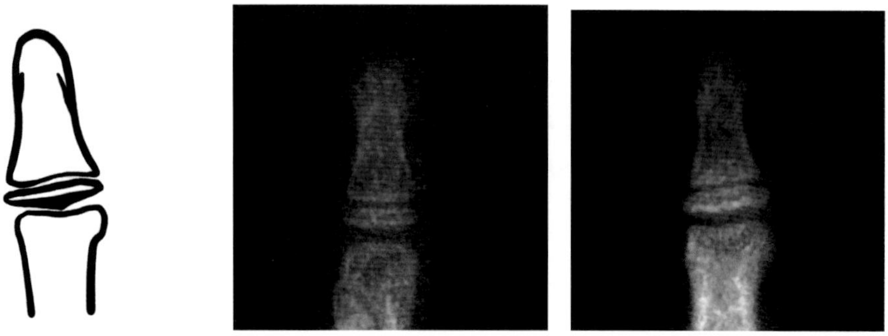

图3-68　第三、第五远节指骨RUS-CHN等级5和TW3-C RUS等级5或TW3 RUS等级F

（六）RUS-CHN等级6和TW3-C RUS等级6或TW3 RUS等级G

骺在一侧或两侧覆盖骨干（图3-69）。

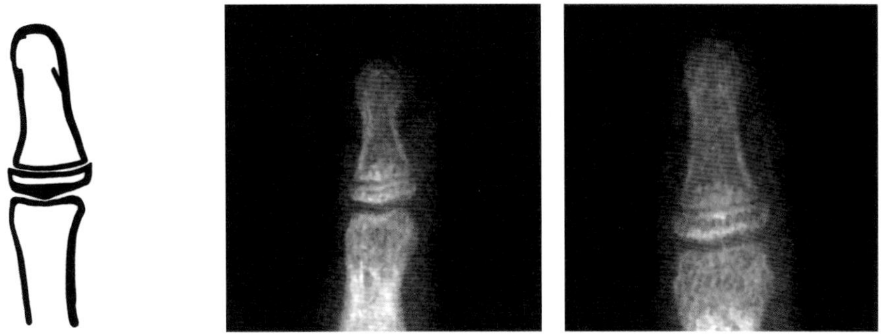

图3-69 第三、第五远节指骨RUS-CHN等级6和TW3-C RUS等级6或TW3 RUS等级G

（七）RUS-CHN等级7和TW3-C RUS等级7或TW3 RUS等级H

骨骺开始融合，融合线黑白相间。白线代表融合改变，占全长的1/4以上，但小于全长（图3-70）。

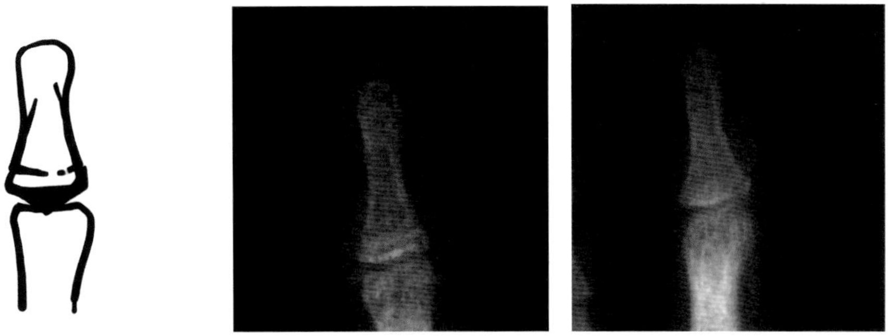

图3-70 第三、第五远节指骨RUS-CHN等级7和TW3-C RUS等级7或TW3 RUS等级H

（八）RUS-CHN等级8和TW3-C RUS等级8或TW3 RUS等级I

骺和骨干完全融合（大部分融合线消失，但仍可见部分残余的致密线）（图3-71）。

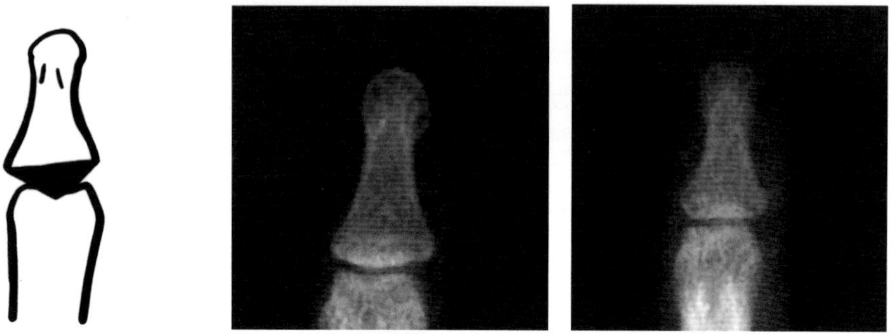

图3-71 第三、第五远节指骨RUS-CHN等级8和TW3-C RUS等级8或TW3 RUS等级I

第四章　整片读片练习

为了帮助读者更好地掌握骨发育等级的评估技术，我们提供了一系列整片读片练习。每张练习片中详细讲解了需要重点学习的骨骺部位及其骨发育等级。读者在进行练习时，应根据骨发育等级的定义和参考图像来识别骨发育特征，并对整片中的13个骨骺进行骨发育等级的评估。

1. 整片1

仔细阅读图4-1并进行骨发育等级评价，详情见表4-1。

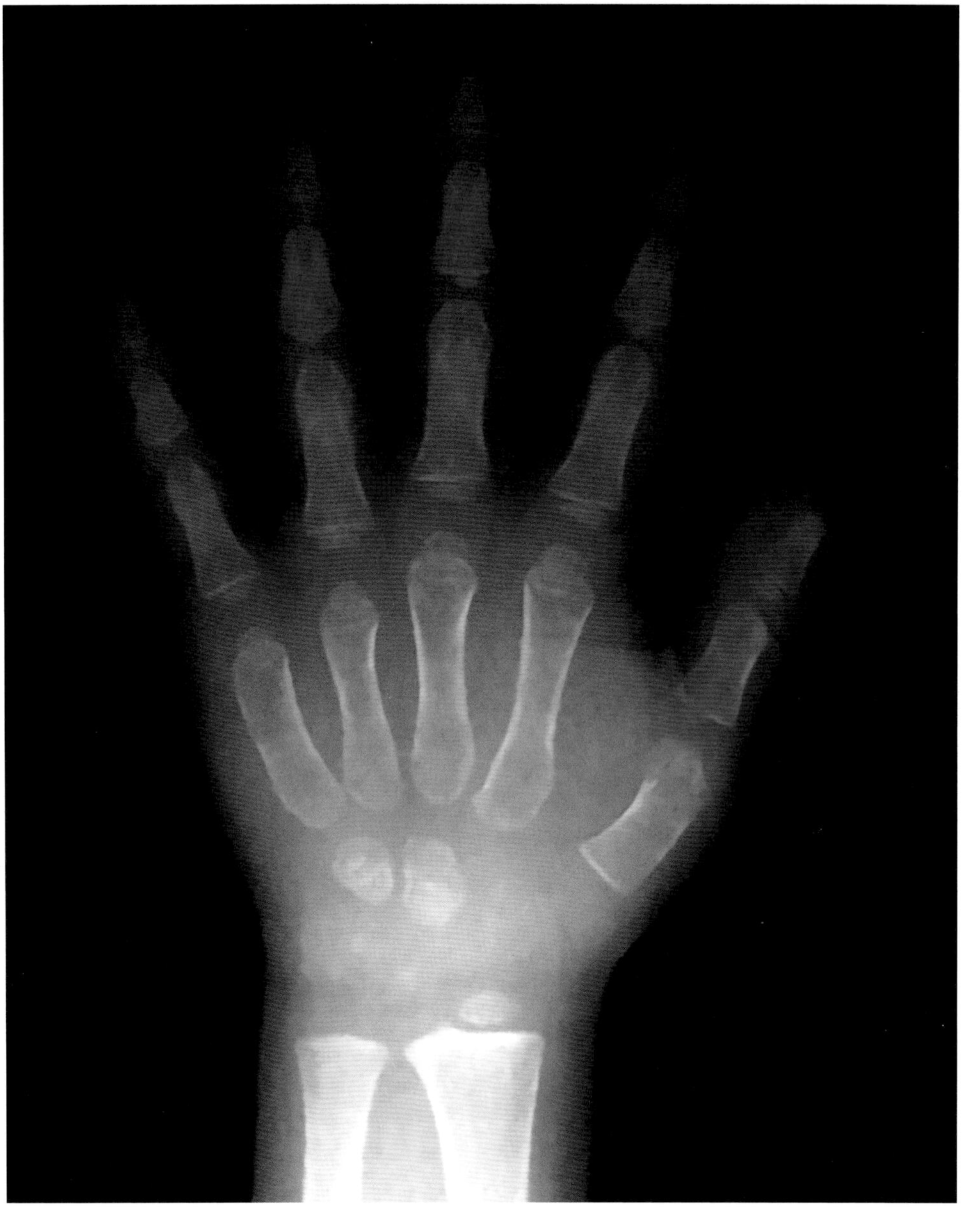

图4-1 整片1

表4-1　整片1的等级评估

评估对象	RUS系13个骨骺的骨发育等级		
	RUS-CHN法	TW3-C RUS法	TW3 RUS法
桡骨	2	2	C
尺骨	0	0	A
第一掌骨	0	0	A
第三掌骨	3	3	D
第五掌骨	2	2	C
第一近节指骨	1	1	B
第三近节指骨	3	3	D
第五近节指骨	3	3	D
第三中节指骨	2	2	C
第五中节指骨	1	1	B
第一远节指骨	3	3	D
第三远节指骨	2	2	C
第五远节指骨	2	2	C

2. 整片2

仔细阅读图4-2并进行骨发育等级评价，详情见表4-2。

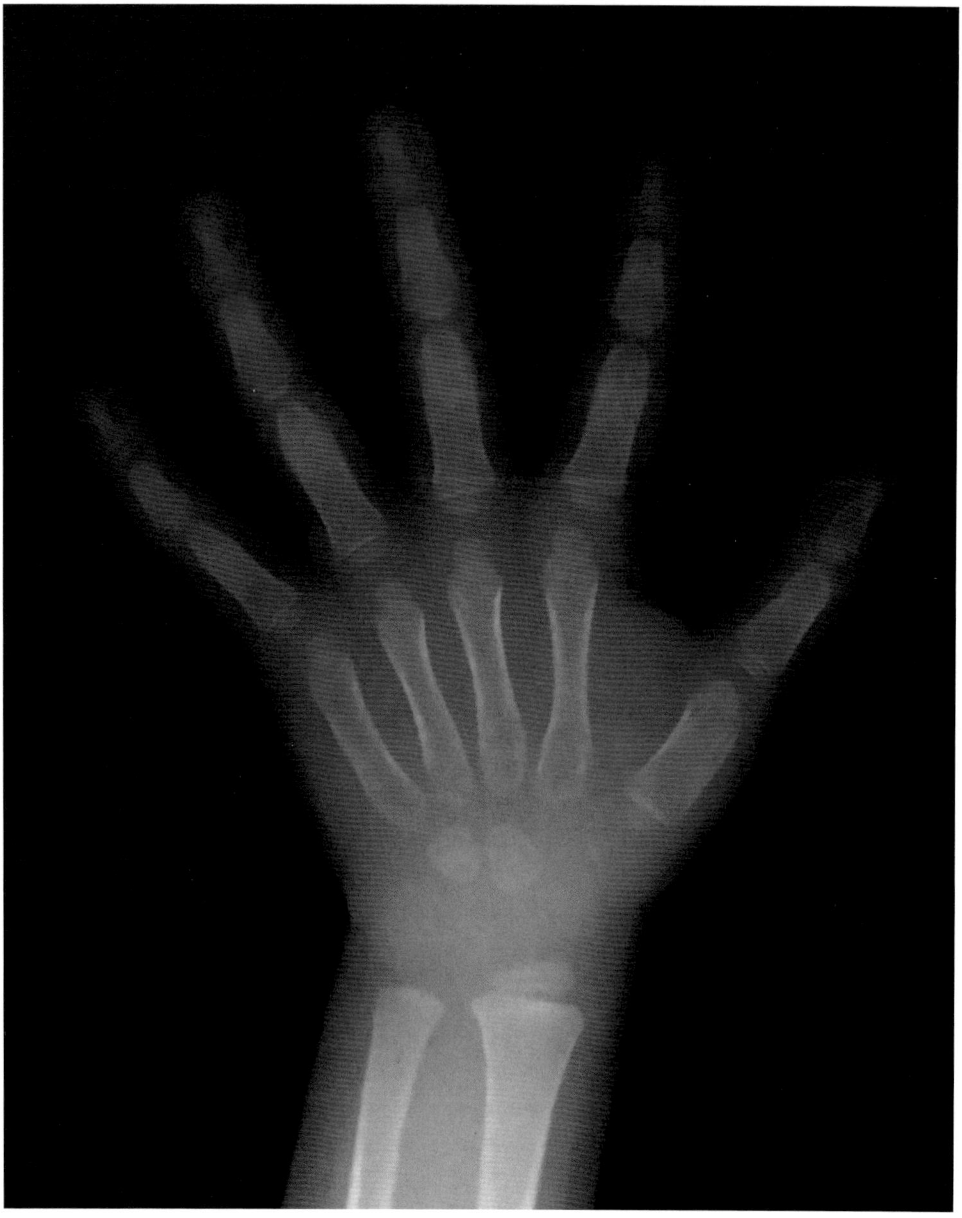

图4-2 整片2

表4-2　整片2的等级评估

评估对象	RUS系13个骨骺的骨发育等级		
	RUS-CHN法	TW3-C RUS法	TW3 RUS法
桡骨	4	4	E
尺骨	0	0	A
第一掌骨	3	3	D
第三掌骨	3	3	D
第五掌骨	3	3	D
第一近节指骨	4（0）	4	E
第三近节指骨	4（0）	4	E
第五近节指骨	3	3	D
第三中节指骨	4（0）	4	E
第五中节指骨	3	3	D
第一远节指骨	4	4	E
第三远节指骨	4	4	E
第五远节指骨	3	3	D

3. 整片3

仔细阅读图4-3并进行骨发育等级评价，详情见表4-3。

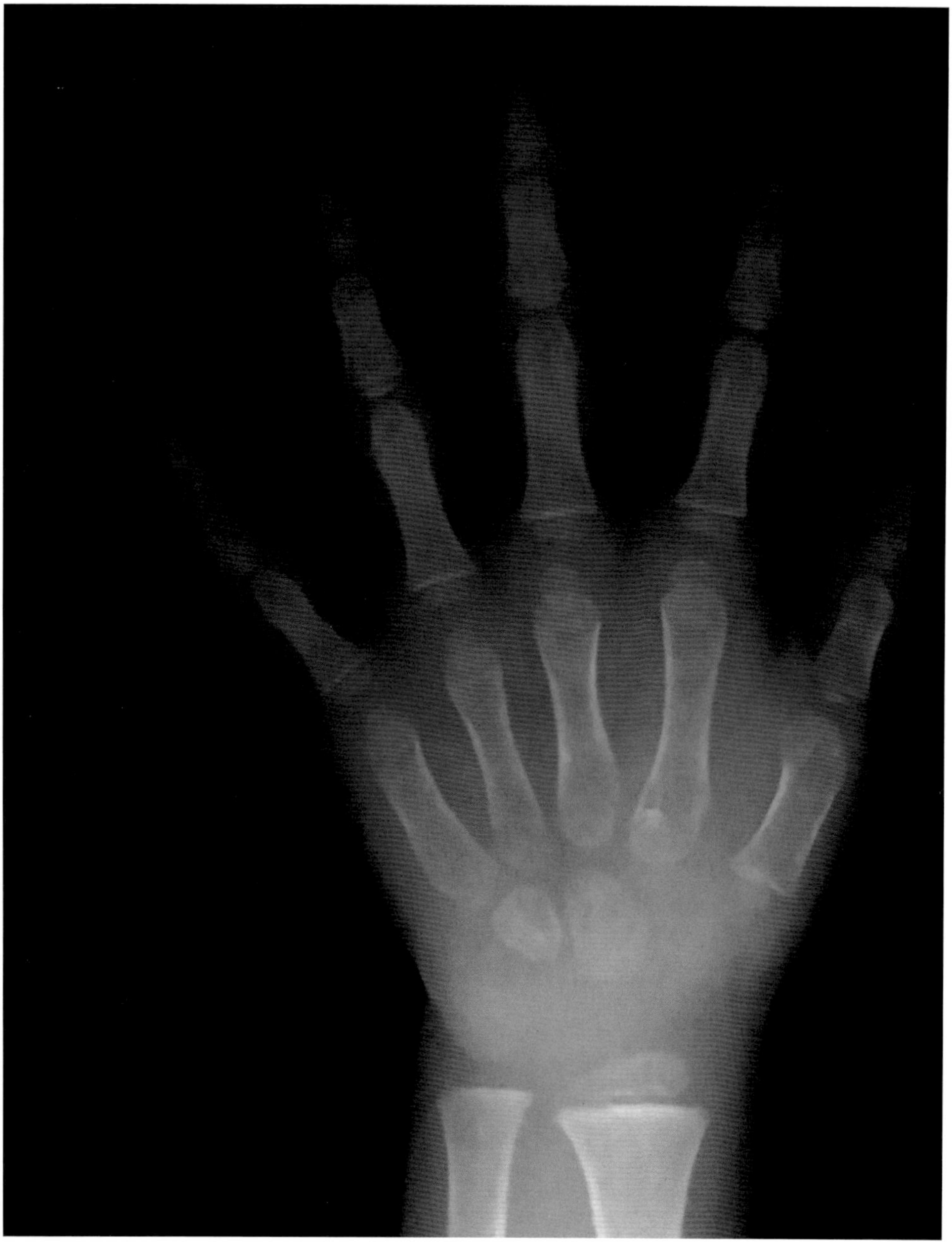

图4-3 整片3

表4-3　整片3的等级评估

评估对象	RUS系13个骨骺的骨发育等级		
	RUS-CHN法	TW3-C RUS法	TW3 RUS法
桡骨	4	4	E
尺骨	0	0	A
第一掌骨	3	3	D
第三掌骨	3	3	D
第五掌骨	3	3	D
第一近节指骨	4（0）	4	E
第三近节指骨	4（0）	4	E
第五近节指骨	4（0）	4	E
第三中节指骨	4（0）	4	E
第五中节指骨	4（0）	4	E
第一远节指骨	4	4	E
第三远节指骨	4	4	E
第五远节指骨	4	4	E

4. 整片4

仔细阅读图4-4并进行骨发育等级评价，详情见表4-4。

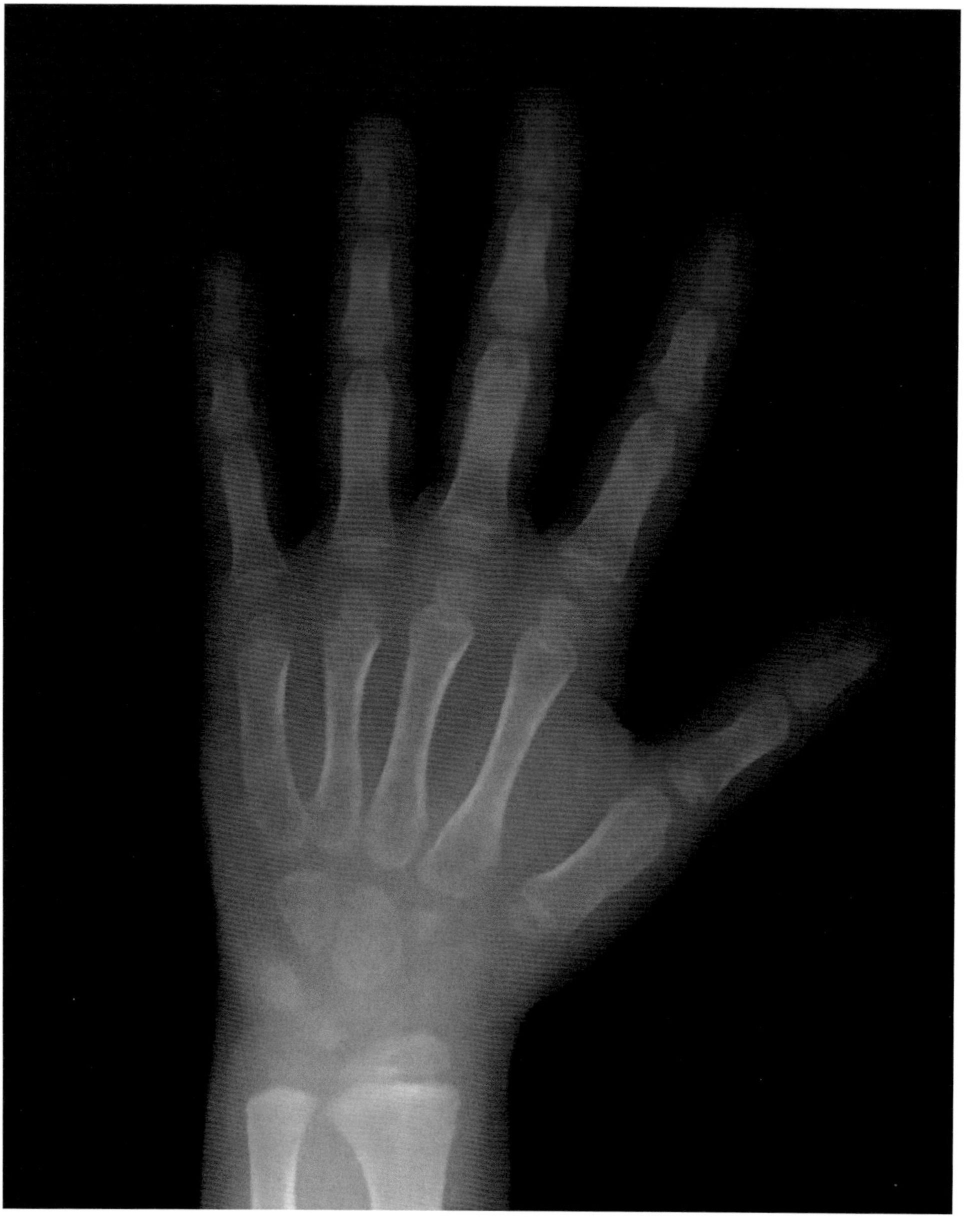

图4-4 整片4

表4-4　整片4的等级评估

评估对象	RUS系13个骨骺的骨发育等级		
	RUS-CHN法	TW3-C RUS法	TW3 RUS法
桡骨	5（0）	5	F
尺骨	1	1	B
第一掌骨	3	3	D
第三掌骨	3	3	D
第五掌骨	3	3	D
第一近节指骨	3	3	D
第三近节指骨	4（0）	4	E
第五近节指骨	3	3	D
第三中节指骨	4（0）	4	E
第五中节指骨	4（0）	4	E
第一远节指骨	4	4	E
第三远节指骨	3	3	D
第五远节指骨	3	3	D

5. 整片5

仔细阅读图4-5并进行骨发育等级评价，详情见表4-5。

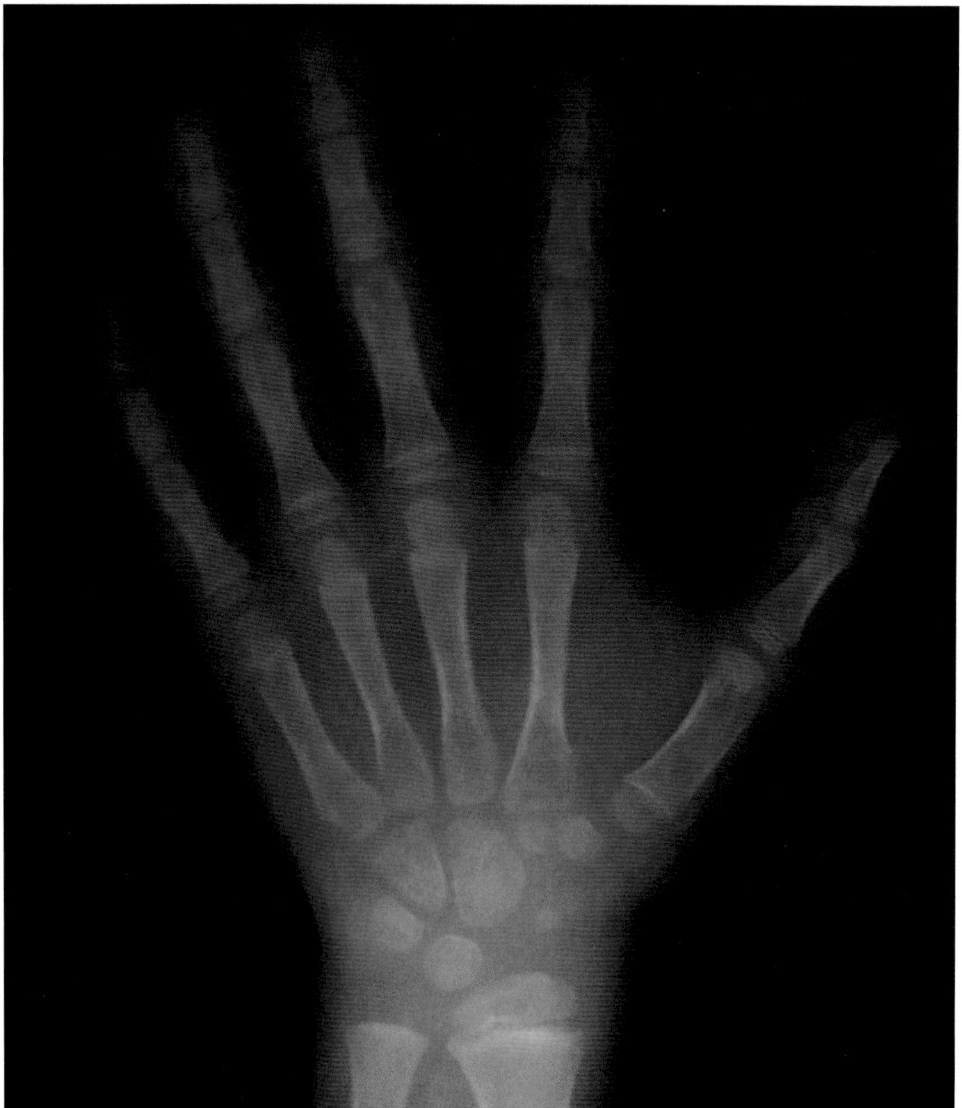

图4-5 整片5

表4-5 整片5的等级评估

评估对象	RUS系13个骨骺的骨发育等级		
	RUS-CHN法	TW3-C RUS法	TW3 RUS法
桡骨	5（0）	5	F
尺骨	0	0	A
第一掌骨	4	4	E
第三掌骨	3	3	D
第五掌骨	4（0）	4	E
第一近节指骨	4（0）	4	E
第三近节指骨	4（2）	4	E
第五近节指骨	4（0）	4	E
第三中节指骨	4（0）	4	E
第五中节指骨	4（0）	4	E
第一远节指骨	4	4	E
第三远节指骨	4	4	E
第五远节指骨	4	4	E

6. 整片6

仔细阅读图4-6并进行骨发育等级评价，详情见表4-6。

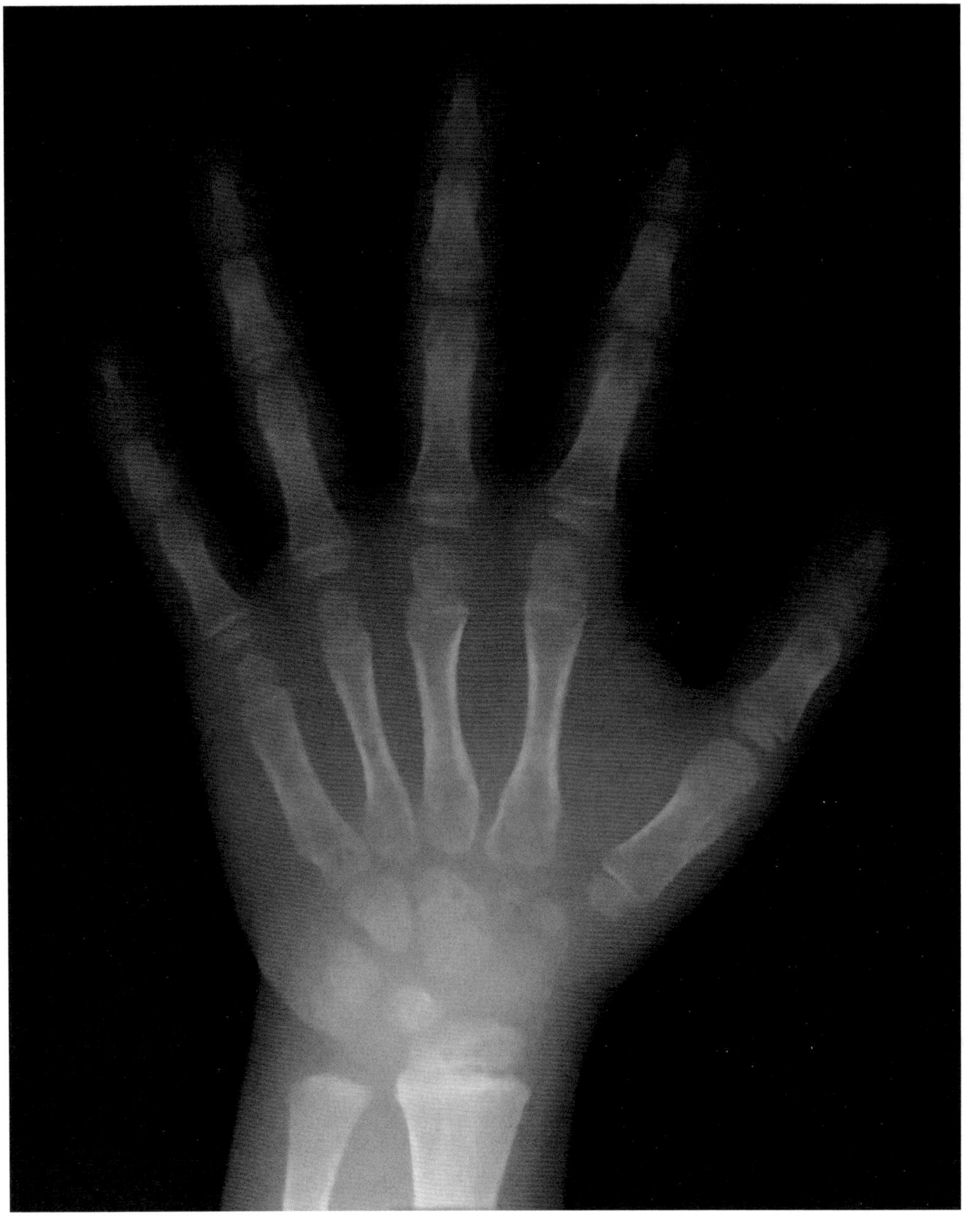

图4-6 整片6

表4-6　整片6的等级评估

评估对象	RUS系13个骨骺的骨发育等级		
	RUS-CHN法	TW3-C RUS法	TW3 RUS法
桡骨	5（0）	5	F
尺骨	0	0	A
第一掌骨	3	3	D
第三掌骨	4（0）	4	E
第五掌骨	4（0）	4	E
第一近节指骨	4（0）	4	E
第三近节指骨	4（0）	4	E
第五近节指骨	4（0）	4	E
第三中节指骨	4（0）	4	E
第五中节指骨	3	3	D
第一远节指骨	4	4	E
第三远节指骨	4	4	E
第五远节指骨	4	4	E

7. 整片7

仔细阅读图4-7并进行骨发育等级评价，详情见表4-7。

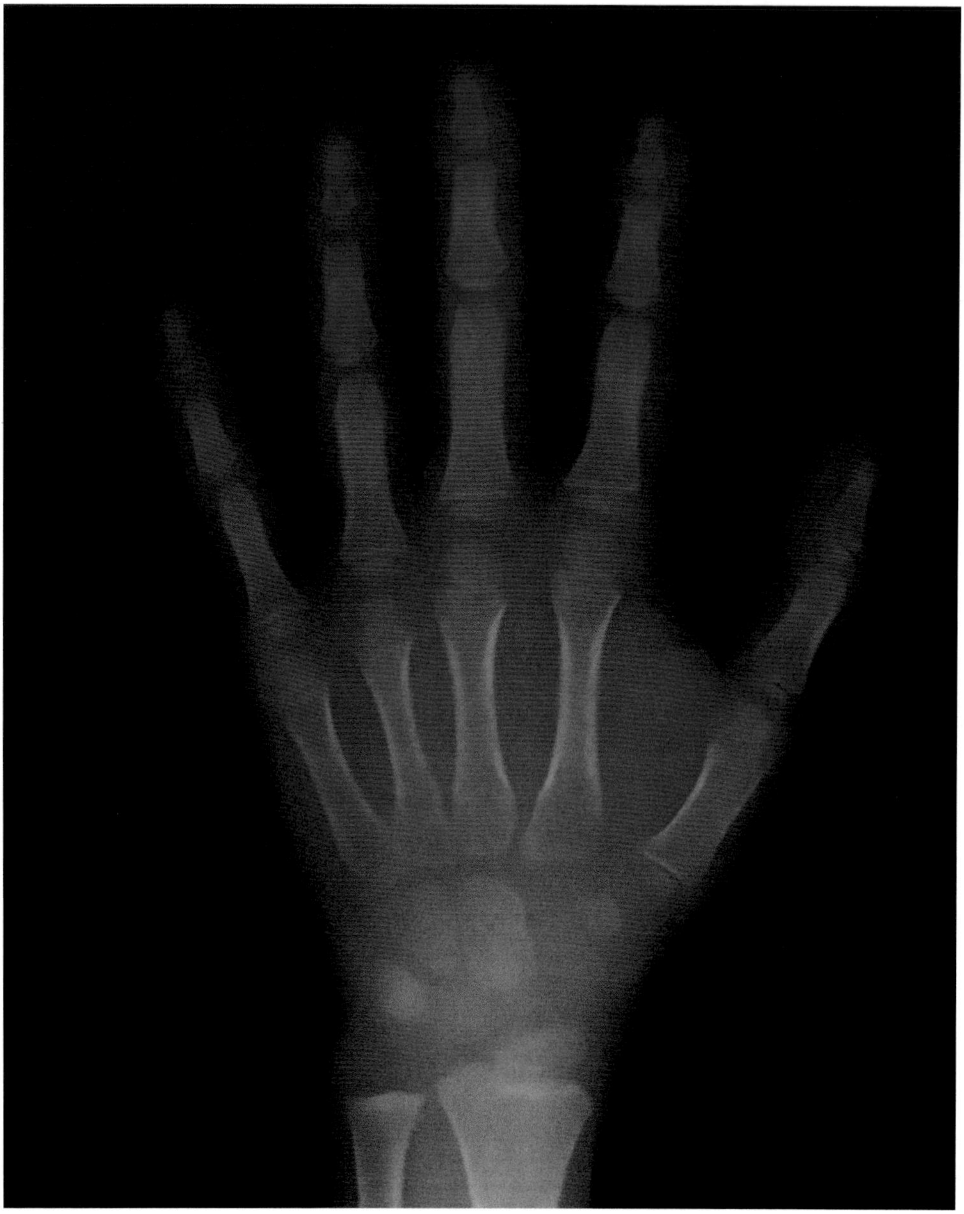

图4-7 整片7

表4-7　整片7的等级评估

评估对象	RUS系13个骨骺的骨发育等级		
	RUS-CHN法	TW3-C RUS法	TW3 RUS法
桡骨	4	4	E
尺骨	0	0	A
第一掌骨	3	3	D
第三掌骨	4（0）	4	E
第五掌骨	3	3	D
第一近节指骨	3	3	D
第三近节指骨	4（0）	4	E
第五近节指骨	3	3	D
第三中节指骨	3	3	D
第五中节指骨	2	2	C
第一远节指骨	4	4	E
第三远节指骨	4	4	E
第五远节指骨	3	3	D

8. 整片8

仔细阅读图4-8并进行骨发育等级评价，详情见表4-8。

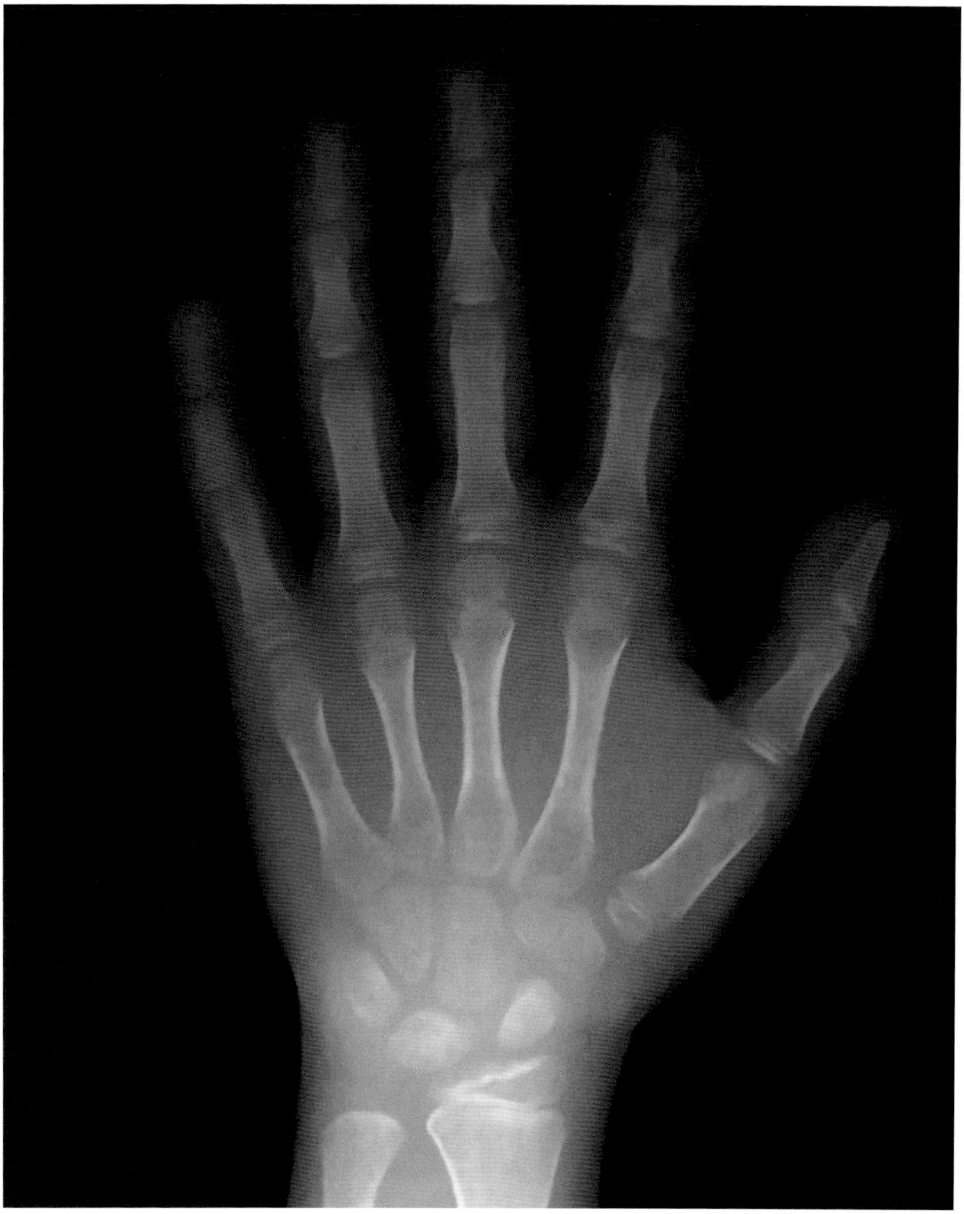

图4-8 整片8

表4-8 整片8的等级评估

评估对象	RUS系13个骨骺的骨发育等级		
	RUS-CHN法	TW3-C RUS法	TW3 RUS法
桡骨	5（0）	5	F
尺骨	0	0	A
第一掌骨	4	4	E
第三掌骨	5	5	F
第五掌骨	4（2）	4	E
第一近节指骨	4（0）	4	E
第三近节指骨	4（2）	4	E
第五近节指骨	4（0）	4	E
第三中节指骨	4（0）	4	E
第五中节指骨	4（0）	4	E
第一远节指骨	5（0）	5	F
第三远节指骨	4	4	E
第五远节指骨	4	4	E

9. 整片9

仔细阅读图4-9并进行骨发育等级评价，详情见表4-9。

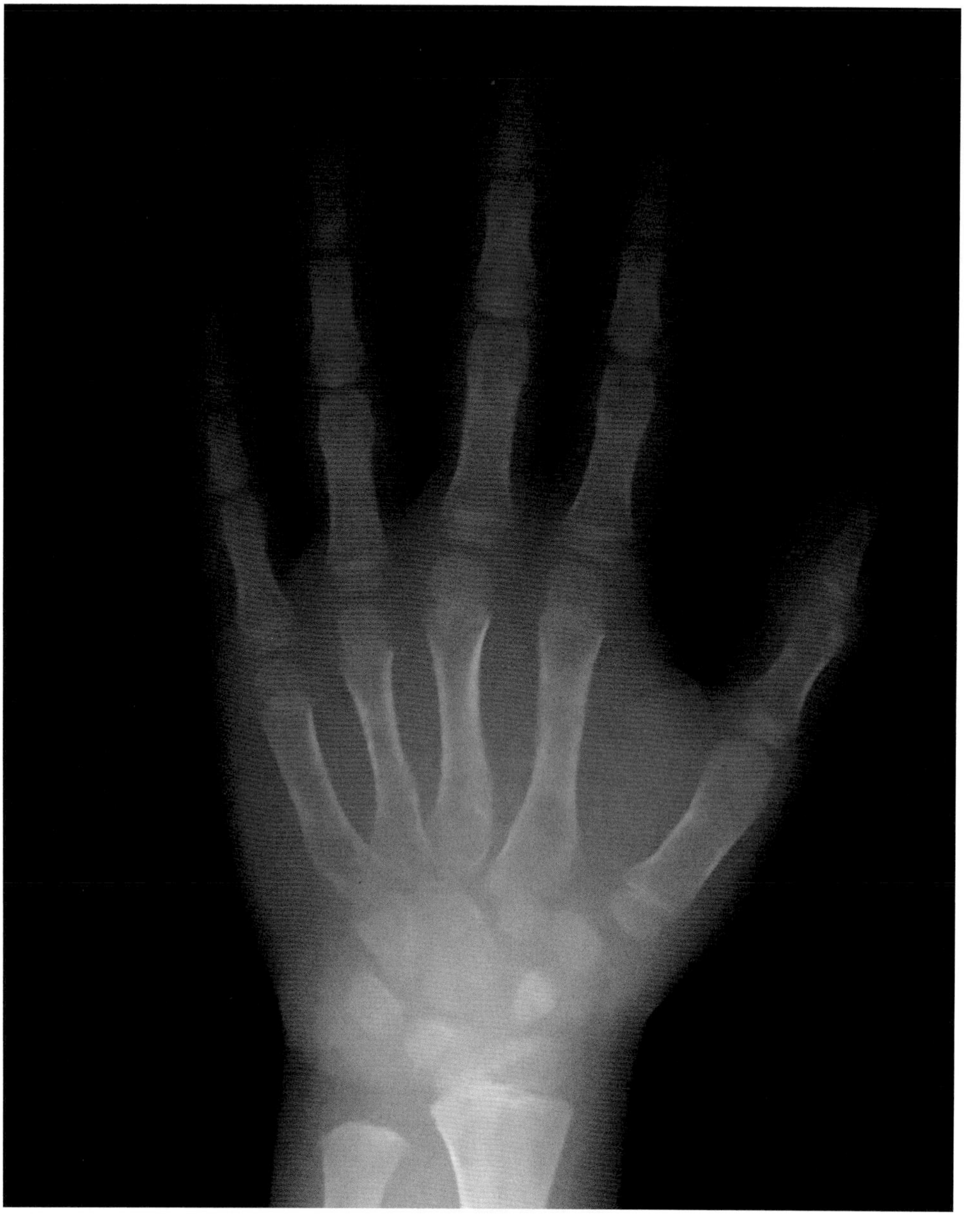

图4-9 整片9

表4-9　整片9的等级评估

评估对象	RUS系13个骨骺的骨发育等级		
	RUS-CHN法	TW3-C RUS法	TW3 RUS法
桡骨	6	6	G
尺骨	0	0	A
第一掌骨	4	4	E
第三掌骨	4（0）	4	E
第五掌骨	4（0）	4	E
第一近节指骨	4（0）	4	E
第三近节指骨	4（0）	4	E
第五近节指骨	4（0）	4	E
第三中节指骨	4（0）	4	E
第五中节指骨	4（0）	4	E
第一远节指骨	5（0）	5	F
第三远节指骨	5（0）	5	F
第五远节指骨	4	4	E

10. 整片10

仔细阅读图4-10并进行骨发育等级评价，详情见表4-10。

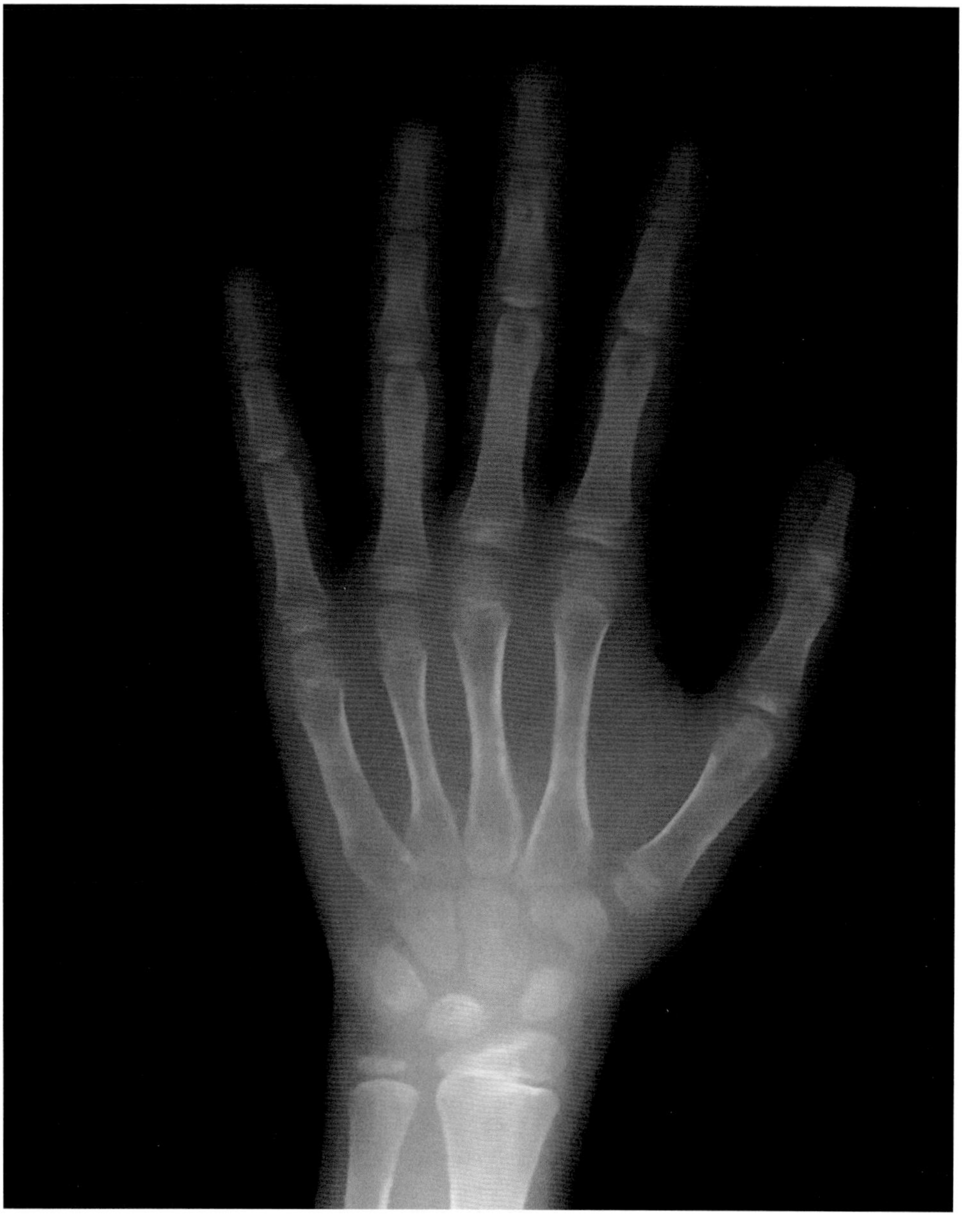

图4-10 整片10

表4-10　整片10的等级评估

评估对象	RUS系13个骨骺的骨发育等级		
	RUS-CHN法	TW3-C RUS法	TW3 RUS法
桡骨	5（2）	5	F
尺骨	4	4	E
第一掌骨	4	4	E
第三掌骨	5	5	F
第五掌骨	4（2）	4	E
第一近节指骨	4（2）	4	E
第三近节指骨	4（2）	4	E
第五近节指骨	4（2）	4	E
第三中节指骨	4（0）	4	E
第五中节指骨	4（0）	4	E
第一远节指骨	5（0）	5	F
第三远节指骨	5（0）	5	F
第五远节指骨	5（0）	5	F

11. 整片11

仔细阅读图4-11并进行骨发育等级评价，详情见表4-11。

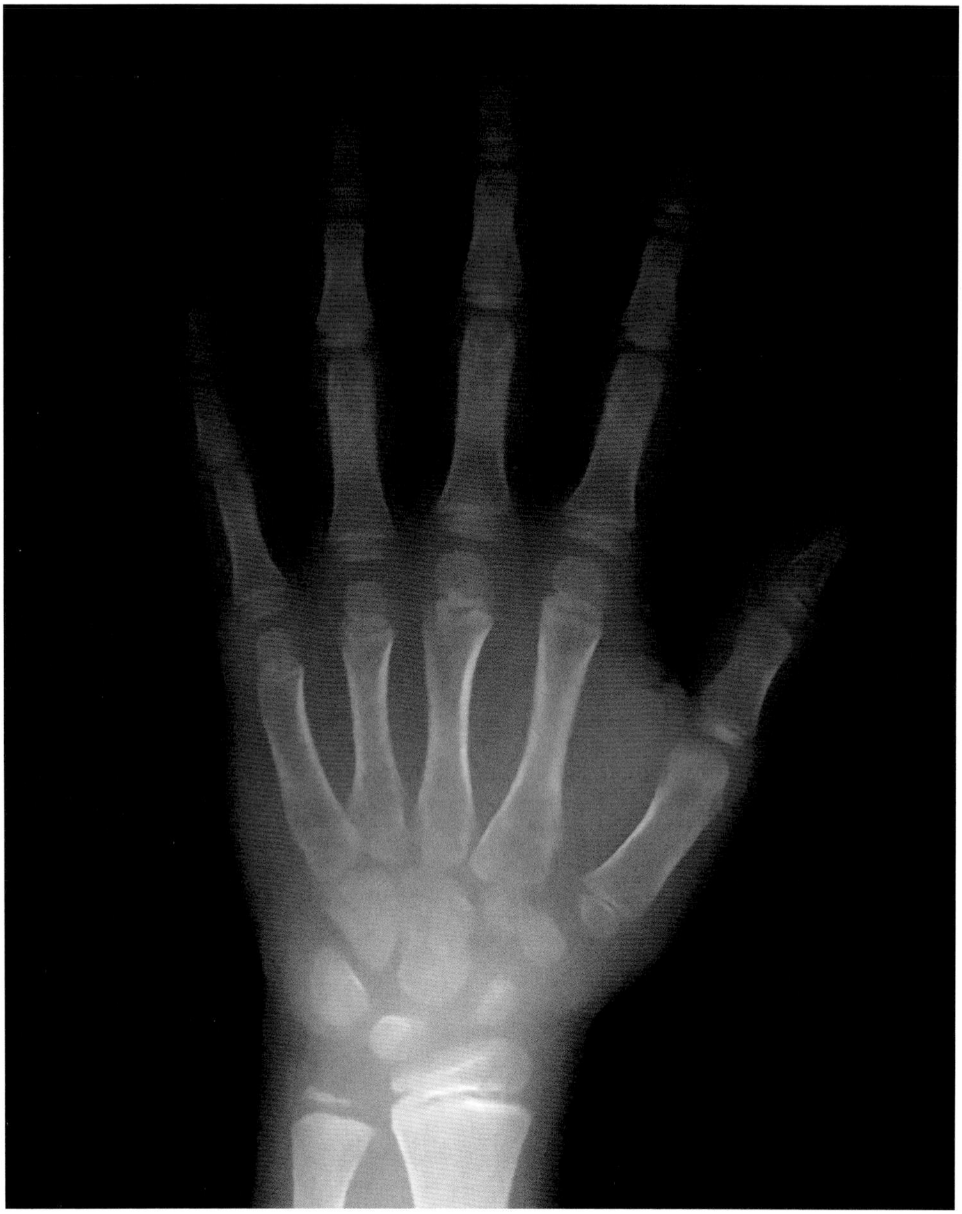

图4-11　整片11

表4-11　整片11的等级评估

评估对象	RUS系13个骨骺的骨发育等级		
	RUS-CHN法	TW3-C RUS法	TW3 RUS法
桡骨	5（0）	5	F
尺骨	3	3	D
第一掌骨	3	3	D
第三掌骨	4（2）	4	E
第五掌骨	4（0）	4	E
第一近节指骨	4（0）	4	E
第三近节指骨	4（0）	4	E
第五近节指骨	4（0）	4	E
第三中节指骨	4（0）	4	E
第五中节指骨	4（0）	4	E
第一远节指骨	4	4	E
第三远节指骨	5（0）	5	F
第五远节指骨	4	4	E

12. 整片12

仔细阅读图4-12并进行骨发育等级评价，详情见表4-12。

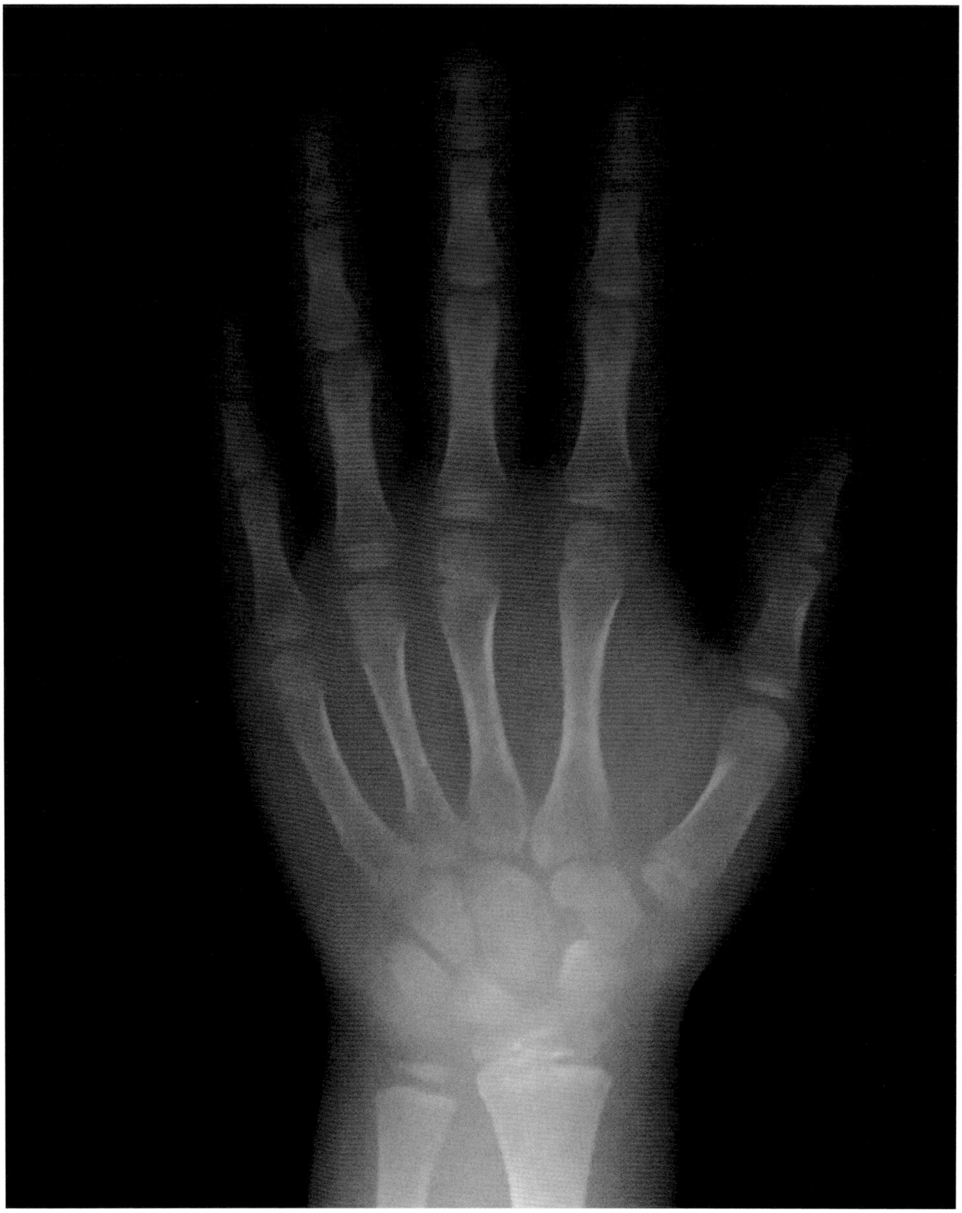

图4-12　整片12

表4-12　整片12的等级评估

评估对象	RUS系13个骨骺的骨发育等级		
	RUS-CHN法	TW3-C RUS法	TW3 RUS法
桡骨	5（2）	5	F
尺骨	3	3	D
第一掌骨	4	4	E
第三掌骨	4（2）	4	E
第五掌骨	4（2）	4	E
第一近节指骨	4（0）	4	E
第三近节指骨	4（0）	4	E
第五近节指骨	4（0）	4	E
第三中节指骨	4（0）	4	E
第五中节指骨	4（0）	4	E
第一远节指骨	5（0）	5	F
第三远节指骨	5（0）	5	F
第五远节指骨	4	4	E

13. 整片13

仔细阅读图4-13并进行骨发育等级评价，详情见表4-13。

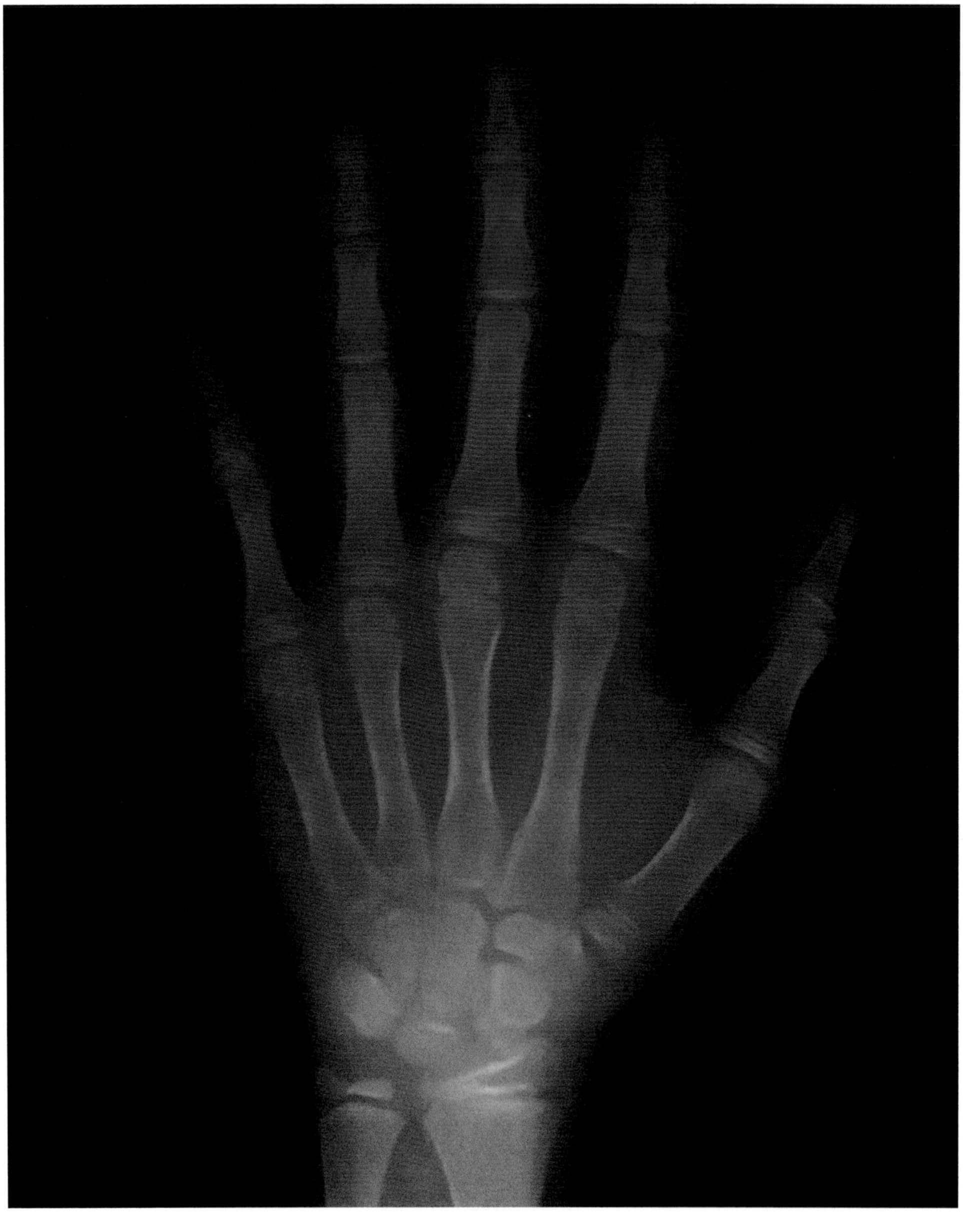

图4-13　整片13

表4-13　整片13的等级评估

评估对象	RUS系13个骨骺的骨发育等级		
	RUS-CHN法	TW3-C RUS法	TW3 RUS法
桡骨	6	6	G
尺骨	5（0）	5	F
第一掌骨	5（2）	5	F
第三掌骨	5	5	F
第五掌骨	4（2）	4	E
第一近节指骨	5（0）	5	F
第三近节指骨	5（2）	5	F
第五近节指骨	5（0）	5	F
第三中节指骨	5（0）	5	F
第五中节指骨	5（0）	5	F
第一远节指骨	5（0）	5	F
第三远节指骨	5（0）	5	F
第五远节指骨	5（0）	5	F

14. 整片14

仔细阅读图4-14并进行骨发育等级评价，详情见表4-14。

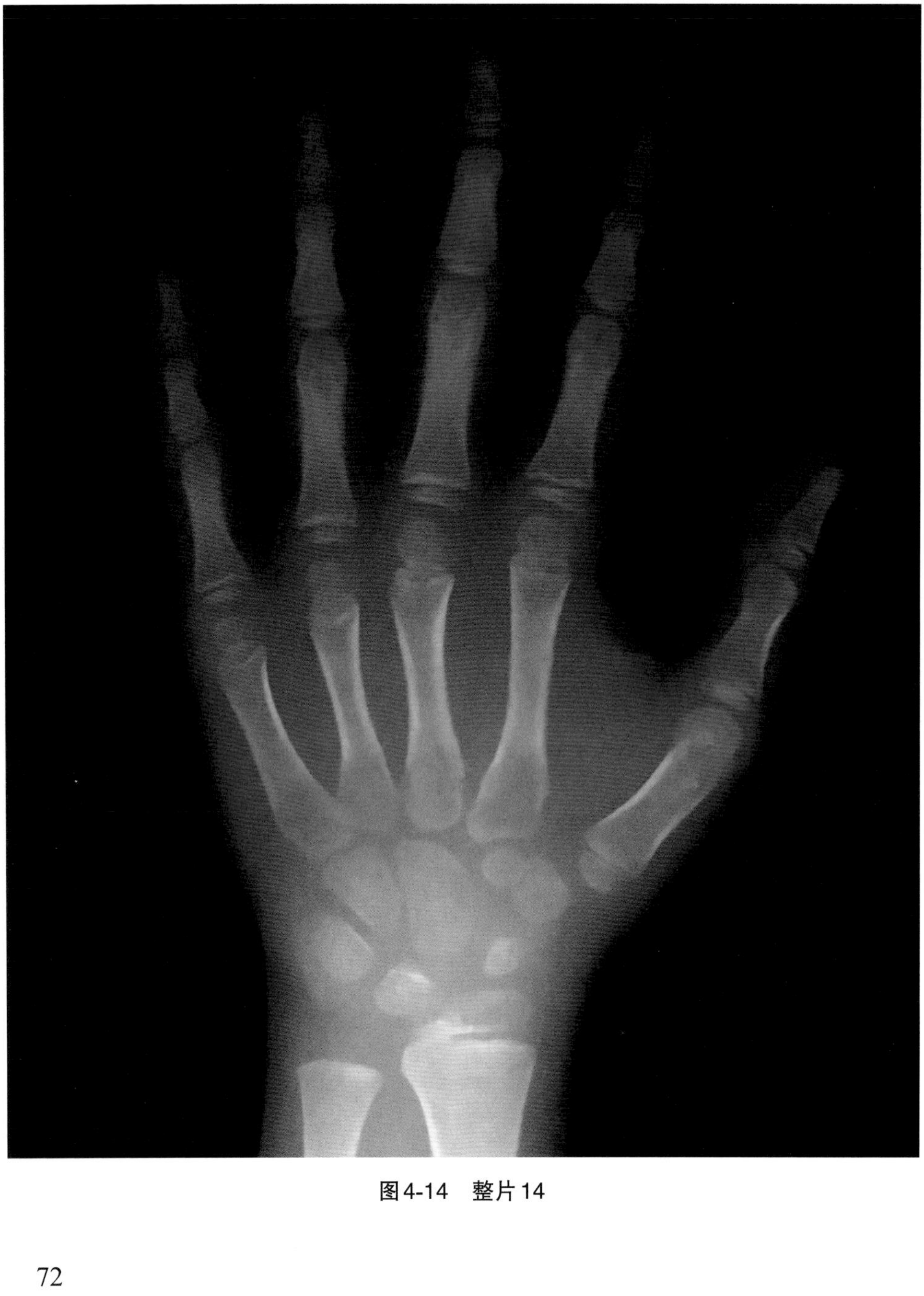

图4-14 整片14

表4-14　整片14的等级评估

评估对象	RUS系13个骨骺的骨发育等级		
	RUS-CHN法	TW3-C RUS法	TW3 RUS法
桡骨	5（0）	5	F
尺骨	0	0	A
第一掌骨	3	3	D
第三掌骨	4（0）	4	E
第五掌骨	4（0）	4	E
第一近节指骨	4（0）	4	E
第三近节指骨	4（0）	4	E
第五近节指骨	4（0）	4	E
第三中节指骨	4（0）	4	E
第五中节指骨	4（0）	4	E
第一远节指骨	3	3	D
第三远节指骨	3	3	D
第五远节指骨	3	3	D

15. 整片15

仔细阅读图4-15并进行骨发育等级评价，详情见表4-15。

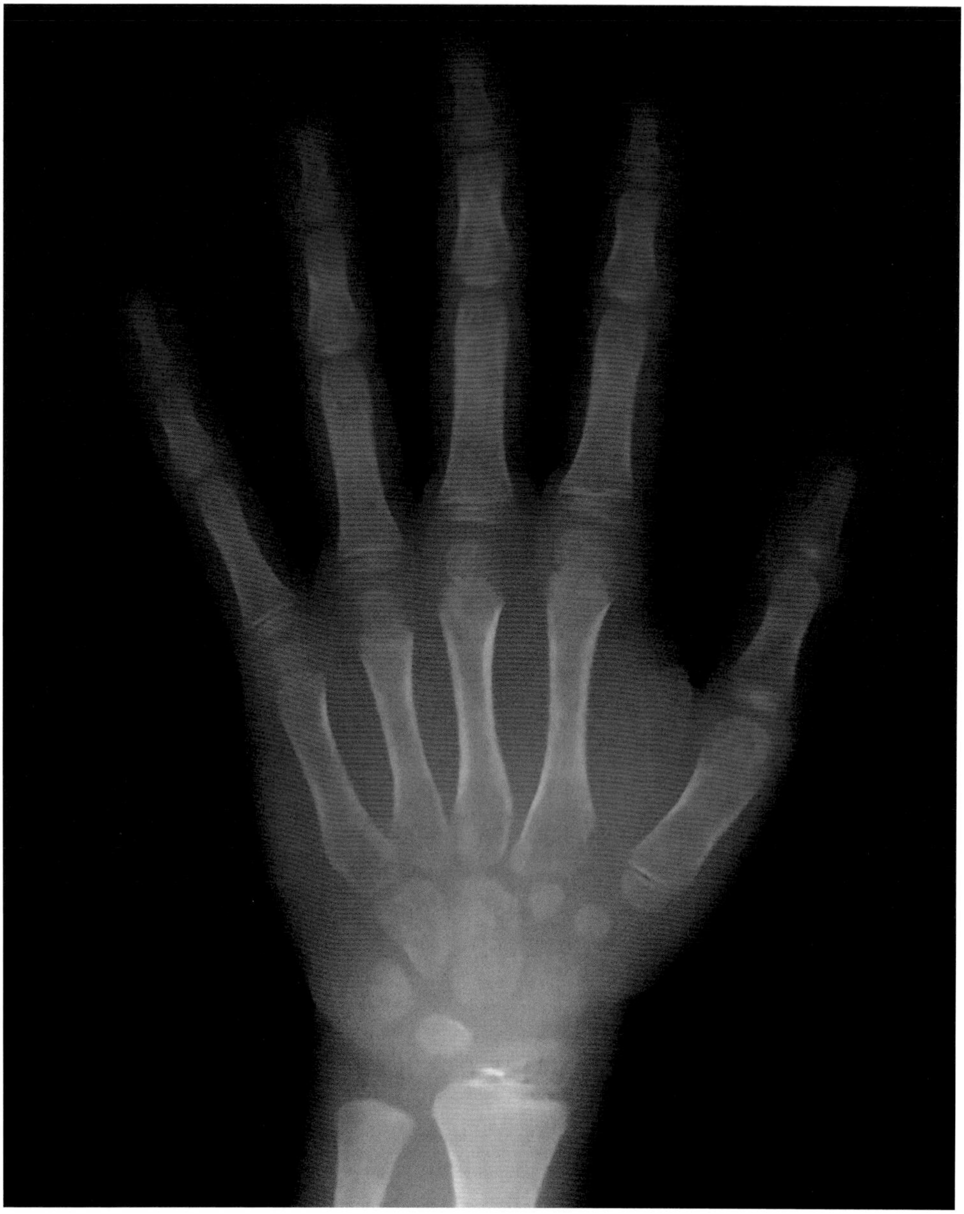

图4-15　整片15

表4-15　整片15的等级评估

评估对象	RUS系13个骨骺的骨发育等级		
	RUS-CHN法	TW3-C RUS法	TW3 RUS法
桡骨	5（0）	5	F
尺骨	0	0	A
第一掌骨	3	3	D
第三掌骨	3	3	D
第五掌骨	4（0）	4	E
第一近节指骨	3	3	D
第三近节指骨	4（0）	4	E
第五近节指骨	4（0）	4	E
第三中节指骨	4（0）	4	E
第五中节指骨	4（0）	4	E
第一远节指骨	4	4	E
第三远节指骨	4	4	E
第五远节指骨	4	4	E

16. 整片16

仔细阅读图4-16并进行骨发育等级评价，详情见表4-16。

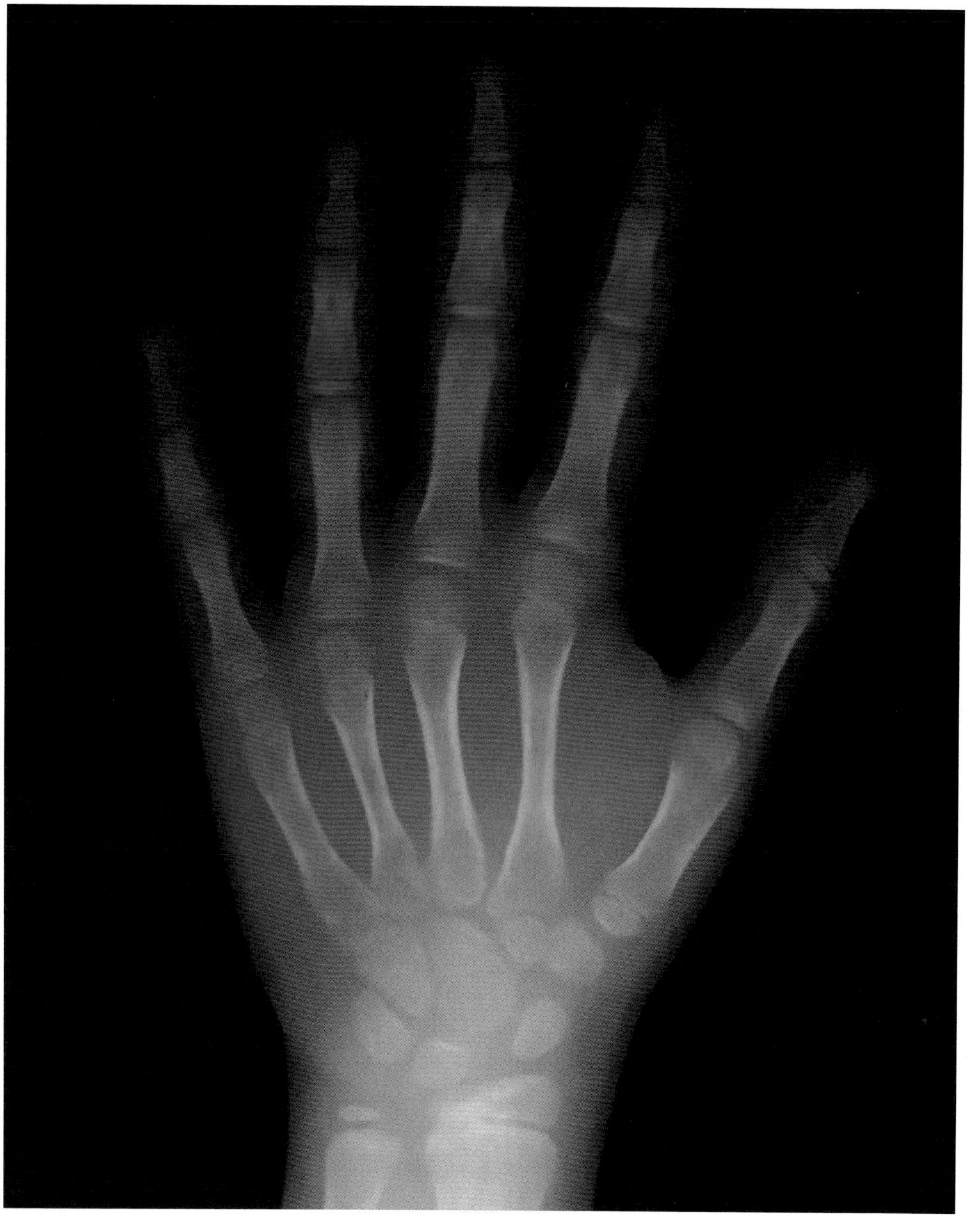

图4-16 整片16

表4-16　整片16的等级评估

评估对象	RUS系13个骨骺的骨发育等级		
	RUS-CHN法	TW3-C RUS法	TW3 RUS法
桡骨	5（2）	5	F
尺骨	3	3	D
第一掌骨	3	3	D
第三掌骨	4（2）	4	E
第五掌骨	4（2）	4	E
第一近节指骨	4（2）	4	E
第三近节指骨	4（2）	4	E
第五近节指骨	4（2）	4	E
第三中节指骨	4（2）	4	E
第五中节指骨	4（0）	4	E
第一远节指骨	5（0）	5	F
第三远节指骨	4	4	E
第五远节指骨	4	4	E

17. 整片17

仔细阅读图4-17并进行骨发育等级评价，详情见表4-17。

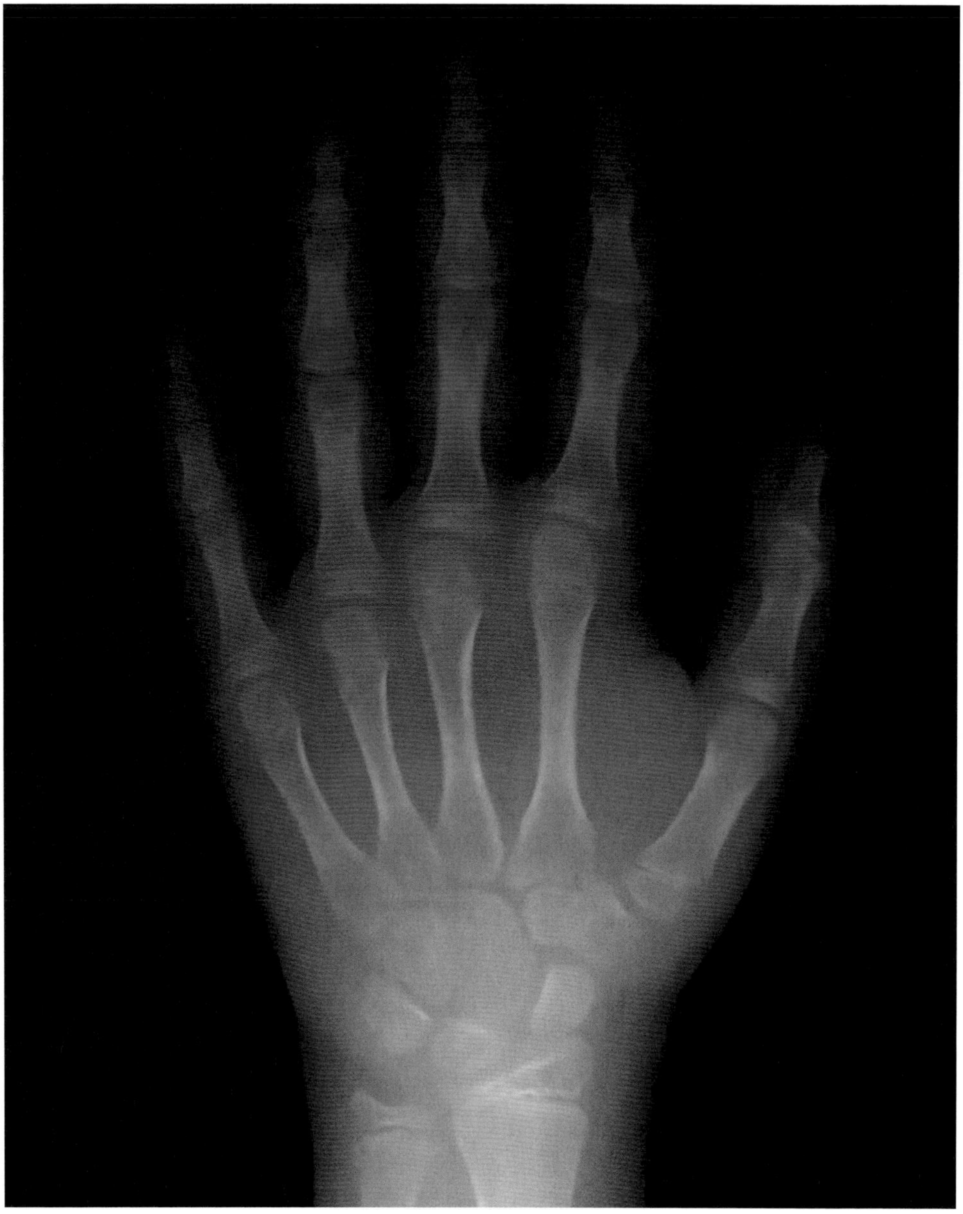

图4-17　整片17

表4-17　整片17的等级评估

评估对象	RUS系13个骨骺的骨发育等级		
	RUS-CHN法	TW3-C RUS法	TW3 RUS法
桡骨	6	6	G
尺骨	5（0）	5	F
第一掌骨	5（2）	5	F
第三掌骨	6	6	G
第五掌骨	6	6	G
第一近节指骨	5（0）	5	F
第三近节指骨	5（0）	5	F
第五近节指骨	5（0）	5	F
第三中节指骨	6（2）	6	G
第五中节指骨	5（0）	5	F
第一远节指骨	6（2）	6	G
第三远节指骨	5（0）	5	F
第五远节指骨	5（0）	5	F

18. 整片18

仔细阅读图4-18并进行骨发育等级评价，详情见表4-18。

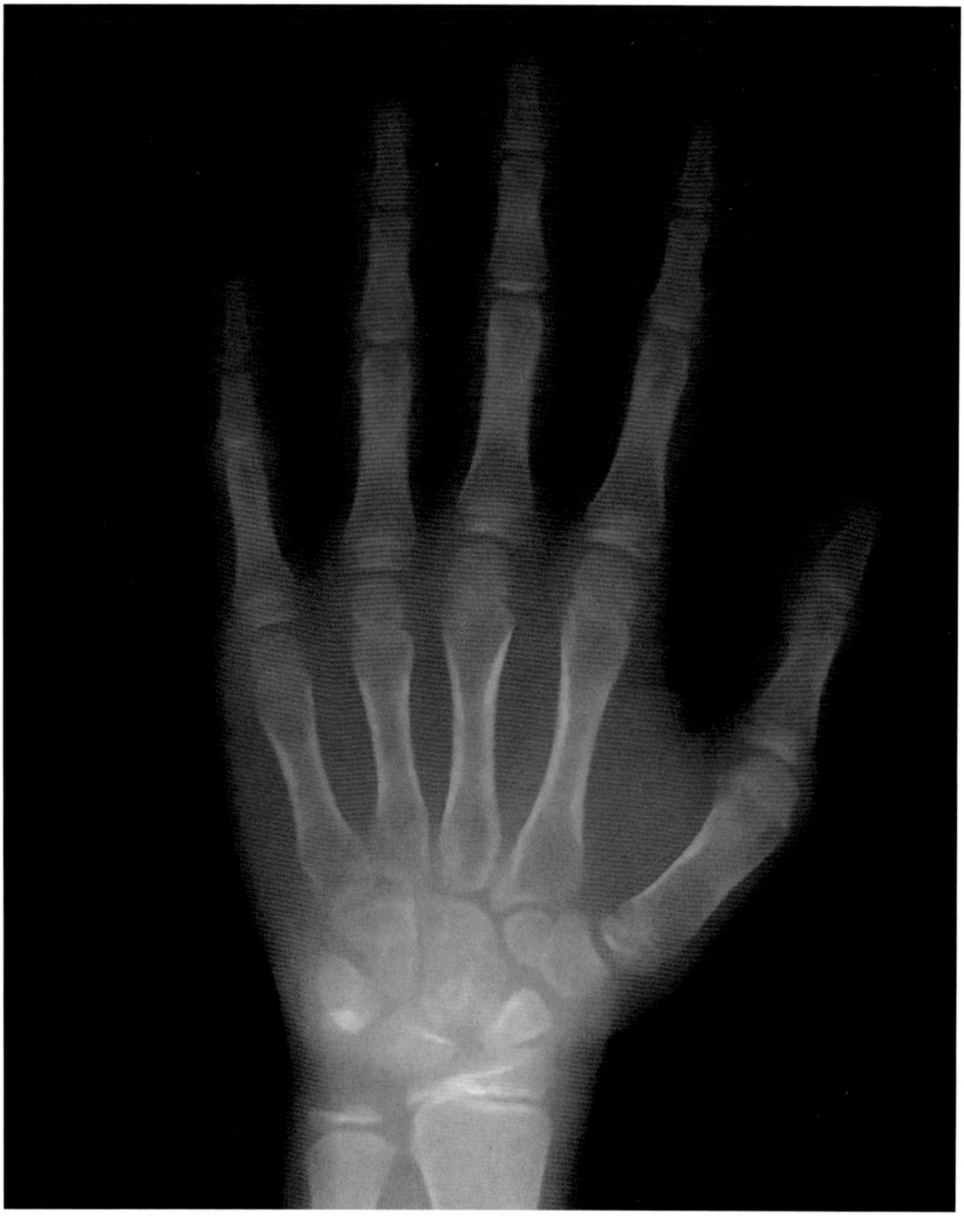

图4-18　整片18

表4-18　整片18的等级评估

评估对象	RUS系13个骨骺的骨发育等级		
	RUS-CHN法	TW3-C RUS法	TW3 RUS法
桡骨	7（0）	7	H
尺骨	4	4	E
第一掌骨	5（2）	5	F
第三掌骨	4（0）	4	E
第五掌骨	4（0）	4	E
第一近节指骨	5（0）	5	F
第三近节指骨	5（0）	5	F
第五近节指骨	5（0）	5	F
第三中节指骨	4（2）	4	E
第五中节指骨	4（0）	4	E
第一远节指骨	5（2）	5	F
第三远节指骨	5（2）	5	F
第五远节指骨	4	4	E

19. 整片19

仔细阅读图4-19并进行骨发育等级评价，详情见表4-19。

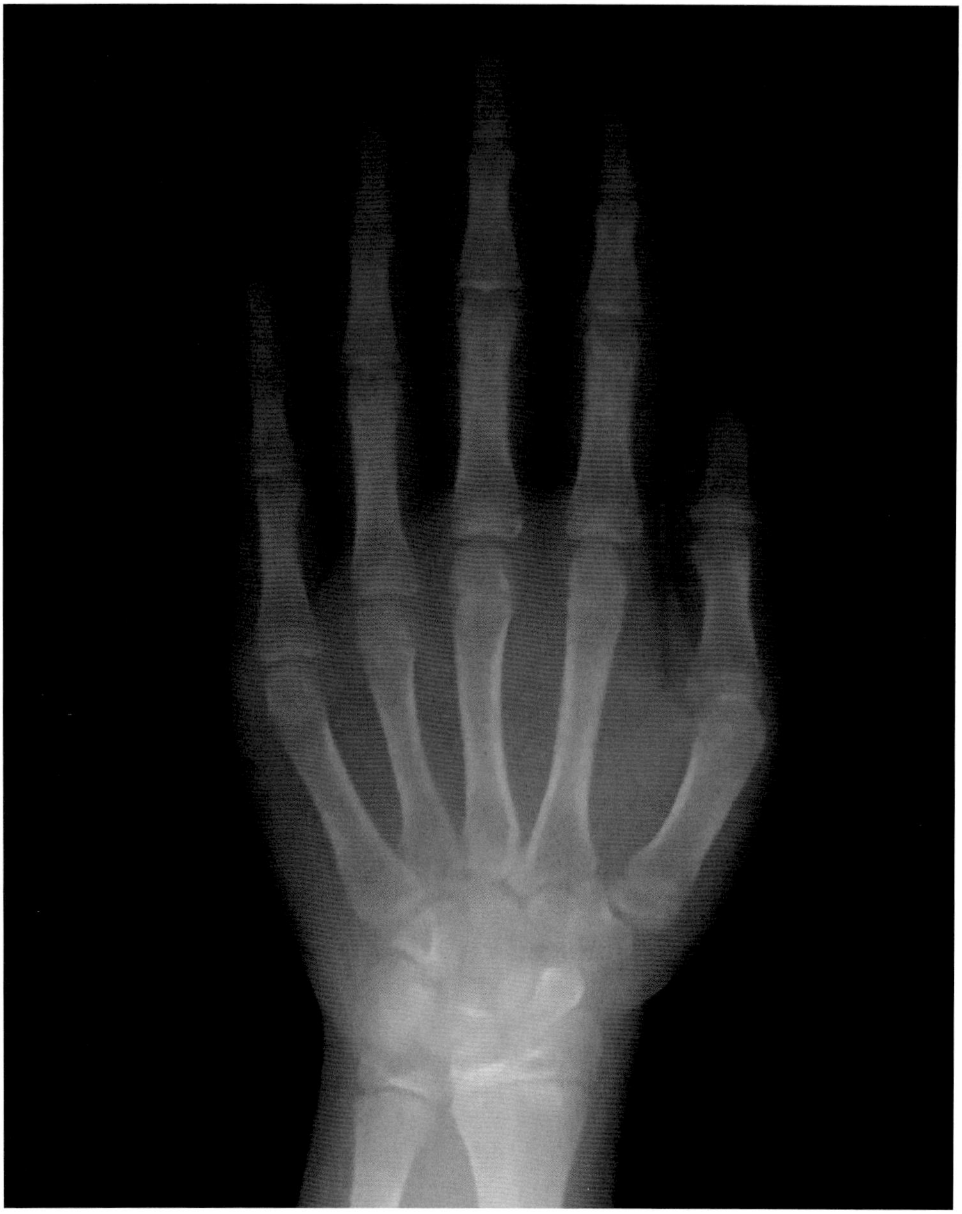

图4-19 整片19

表4-19　整片19的等级评估

评估对象	RUS系13个骨骺的骨发育等级		
	RUS-CHN法	TW3-C RUS法	TW3 RUS法
桡骨	7（2）	7	H
尺骨	6	6	G
第一掌骨	6（2）	6	G
第三掌骨	6	6	G
第五掌骨	6	6	G
第一近节指骨	6（2）	6	G
第三近节指骨	6（2）	6	G
第五近节指骨	6（2）	6	G
第三中节指骨	6（2）	6	G
第五中节指骨	5（2）	5	F
第一远节指骨	6（2）	6	G
第三远节指骨	6（2）	6	G
第五远节指骨	6（2）	6	G

20. 整片20

仔细阅读图4-20并进行骨发育等级评价，详情见表4-20。

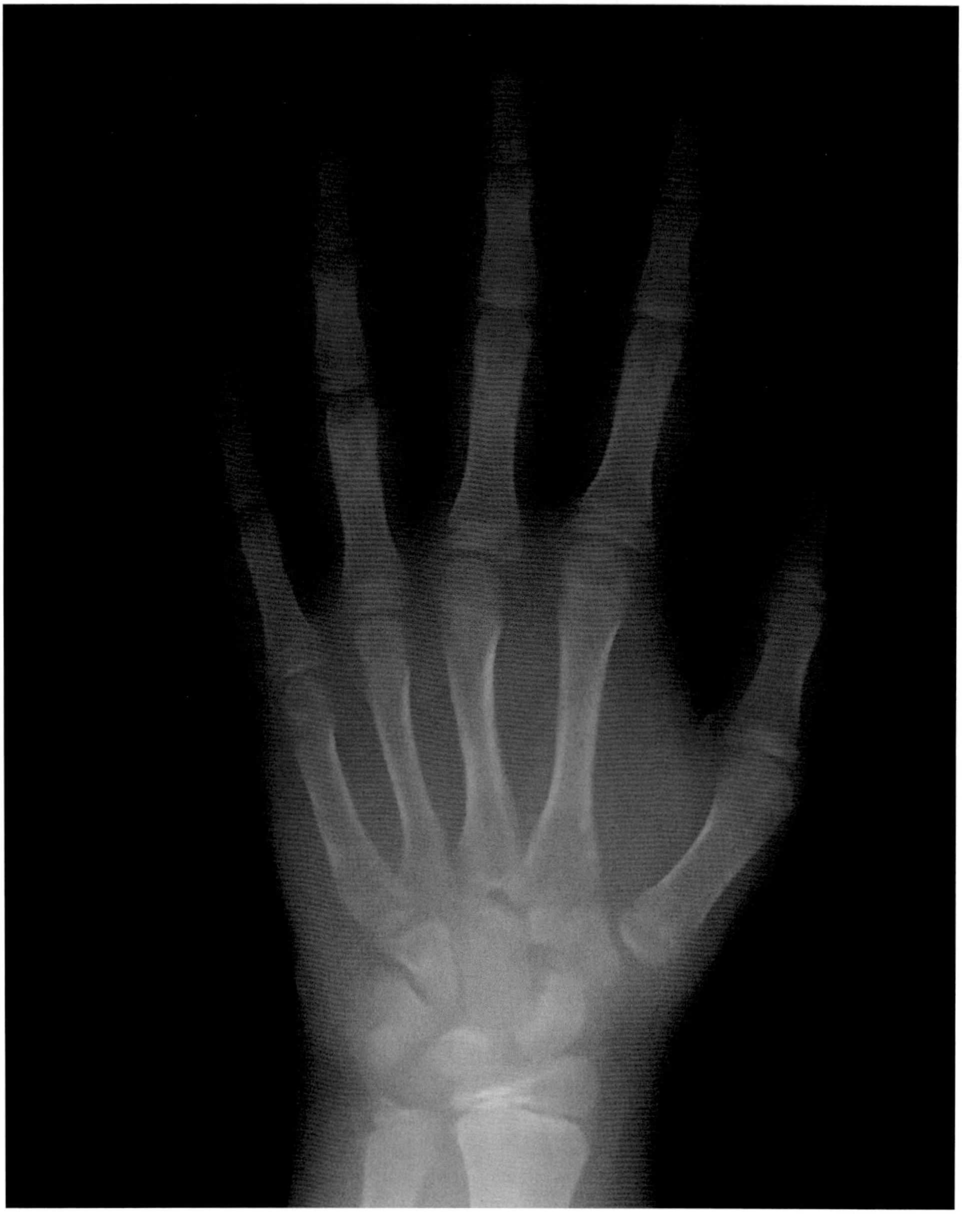

图4-20　整片20

表4-20　整片20的等级评估

评估对象	RUS系13个骨骺的骨发育等级		
	RUS-CHN法	TW3-C RUS法	TW3 RUS法
桡骨	6	6	G
尺骨	6	6	G
第一掌骨	5（2）	5	F
第三掌骨	6	6	G
第五掌骨	6	6	G
第一近节指骨	5（2）	5	F
第三近节指骨	5（0）	5	F
第五近节指骨	5（0）	5	F
第三中节指骨	5（0）	5	F
第五中节指骨	5（0）	5	F
第一远节指骨	6（0）	6	G
第三远节指骨	6（0）	6	G
第五远节指骨	5（2）	5	F

21. 整片21

仔细阅读图4-21并进行骨发育等级评价，详情见表4-21。

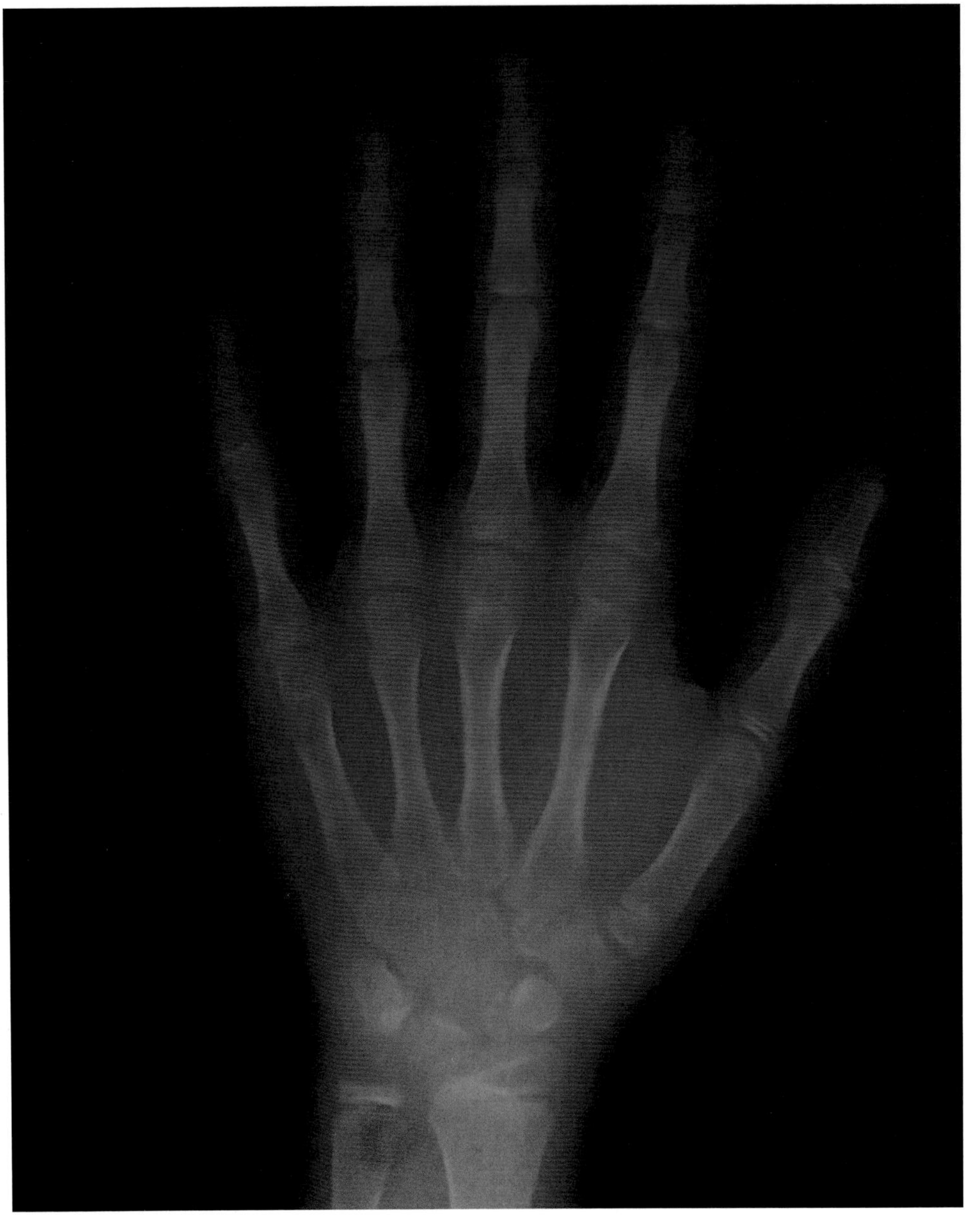

图4-21　整片21

表4-21　整片21的等级评估

评估对象	RUS系13个骨骺的骨发育等级		
	RUS-CHN法	TW3-C RUS法	TW3 RUS法
桡骨	6	6	G
尺骨	5（2）	5	F
第一掌骨	5（2）	5	F
第三掌骨	6	6	G
第五掌骨	5	5	F
第一近节指骨	5（2）	5	F
第三近节指骨	5（2）	5	F
第五近节指骨	5（2）	5	F
第三中节指骨	5（0）	5	F
第五中节指骨	5（0）	5	F
第一远节指骨	5（0）	5	F
第三远节指骨	5（0）	5	F
第五远节指骨	5（0）	5	F

22. 整片22

仔细阅读图4-22并进行骨发育等级评价，详情见表4-22。

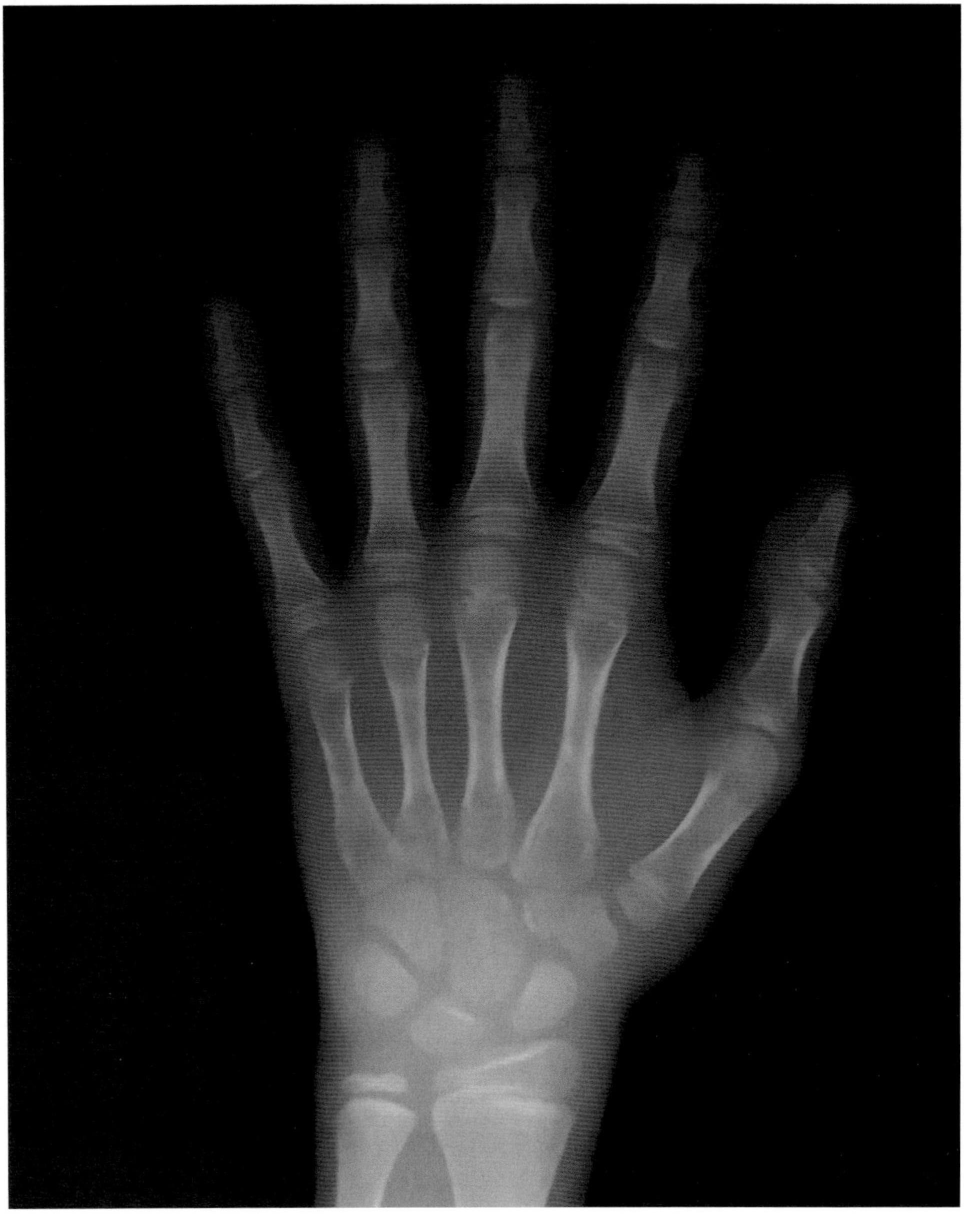

图4-22 整片22

表4-22　整片22的等级评估

评估对象	RUS系13个骨骺的骨发育等级		
	RUS-CHN法	TW3-C RUS法	TW3 RUS法
桡骨	6	6	G
尺骨	4	4	E
第一掌骨	4	4	E
第三掌骨	4（2）	4	E
第五掌骨	4（0）	4	E
第一近节指骨	4（0）	4	E
第三近节指骨	4（0）	4	E
第五近节指骨	4（0）	4	E
第三中节指骨	4（0）	4	E
第五中节指骨	4（0）	4	E
第一远节指骨	5（0）	5	F
第三远节指骨	4	4	E
第五远节指骨	4	4	E

23. 整片23

仔细阅读图4-23并进行骨发育等级评价，详情见表4-23。

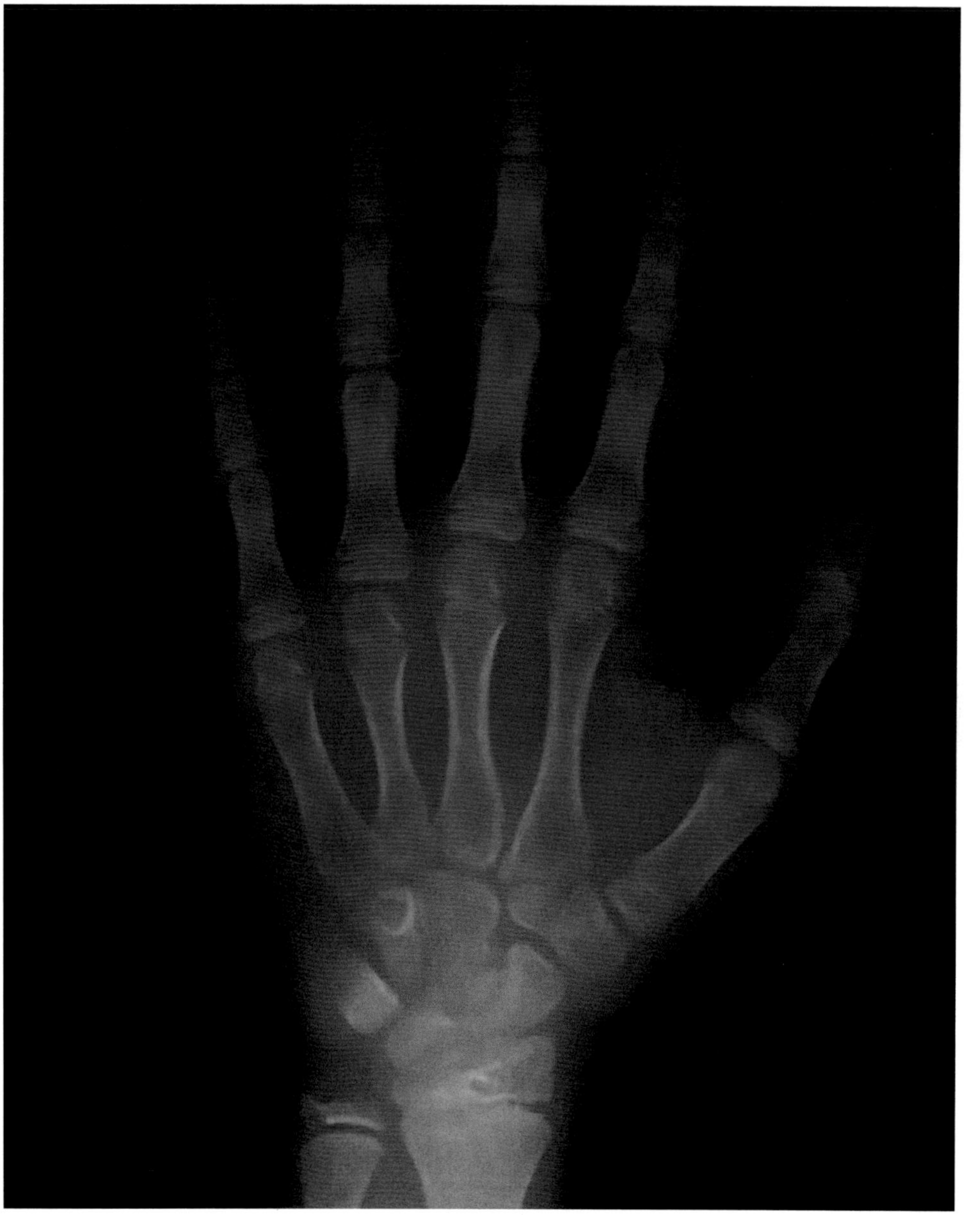

图4-23 整片23

表4-23　整片23的等级评估

评估对象	RUS系13个骨骺的骨发育等级		
	RUS-CHN法	TW3-C RUS法	TW3 RUS法
桡骨	6	6	G
尺骨	5（2）	5	F
第一掌骨	5（2）	5	F
第三掌骨	6	6	G
第五掌骨	6	6	G
第一近节指骨	6（2）	6	G
第三近节指骨	6（2）	6	G
第五近节指骨	6（2）	6	G
第三中节指骨	5（2）	5	F
第五中节指骨	6（0）	6	G
第一远节指骨	6（0）	6	G
第三远节指骨	5（0）	5	F
第五远节指骨	5（0）	5	F

24. 整片24

仔细阅读图4-24并进行骨发育等级评价，详情见表4-24。

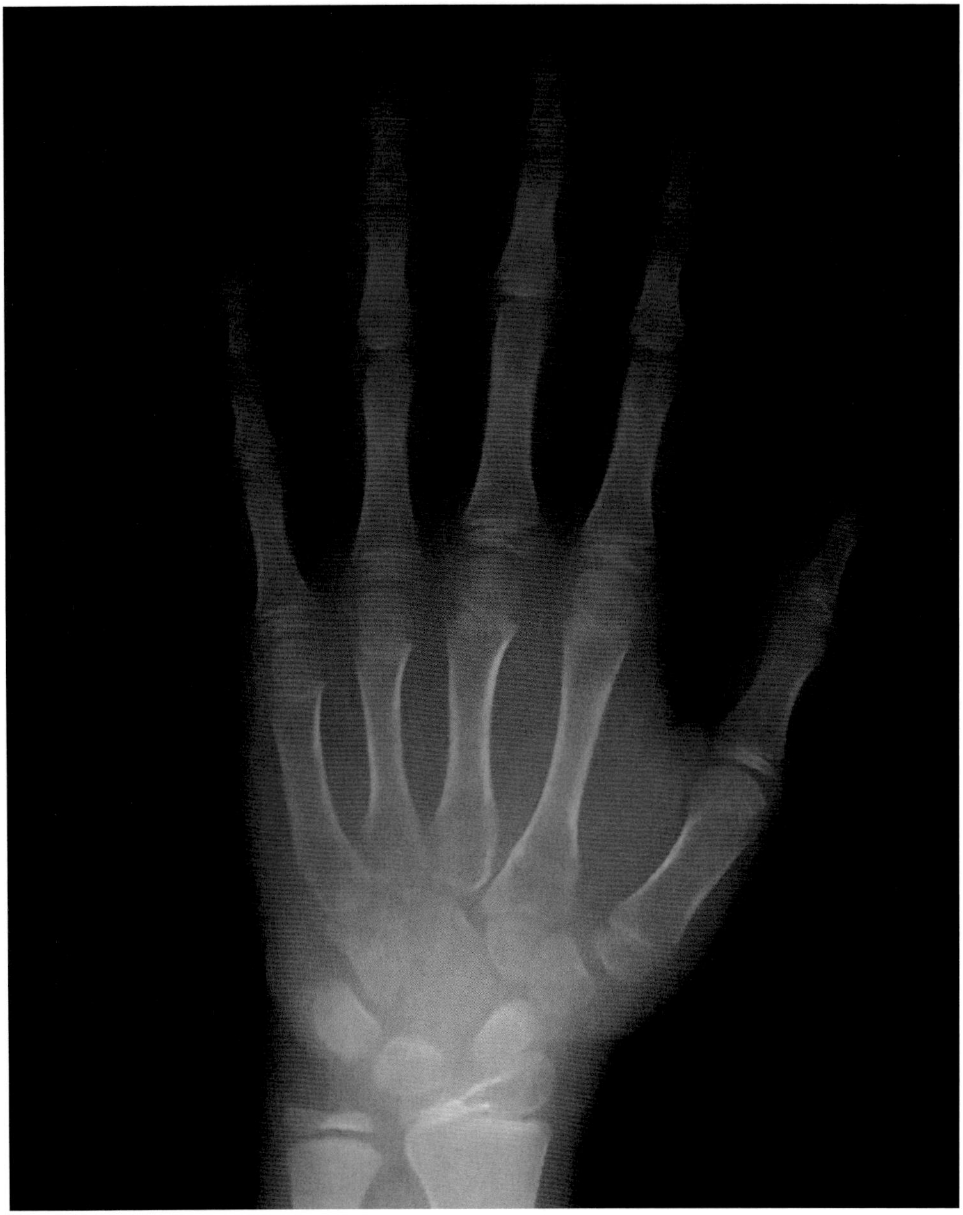

图4-24　整片24

表4-24　整片24的等级评估

评估对象	RUS系13个骨骺的骨发育等级		
	RUS-CHN法	TW3-C RUS法	TW3 RUS法
桡骨	6	6	G
尺骨	5（0）	5	F
第一掌骨	4	4	E
第三掌骨	5	5	F
第五掌骨	4（0）	4	E
第一近节指骨	4（0）	4	E
第三近节指骨	4（0）	4	E
第五近节指骨	4（0）	4	E
第三中节指骨	4（0）	4	E
第五中节指骨	4（0）	4	E
第一远节指骨	5（2）	5	F
第三远节指骨	5（2）	5	F
第五远节指骨	5（0）	5	F

25. 整片25

仔细阅读图4-25并进行骨发育等级评价，详情见表4-25。

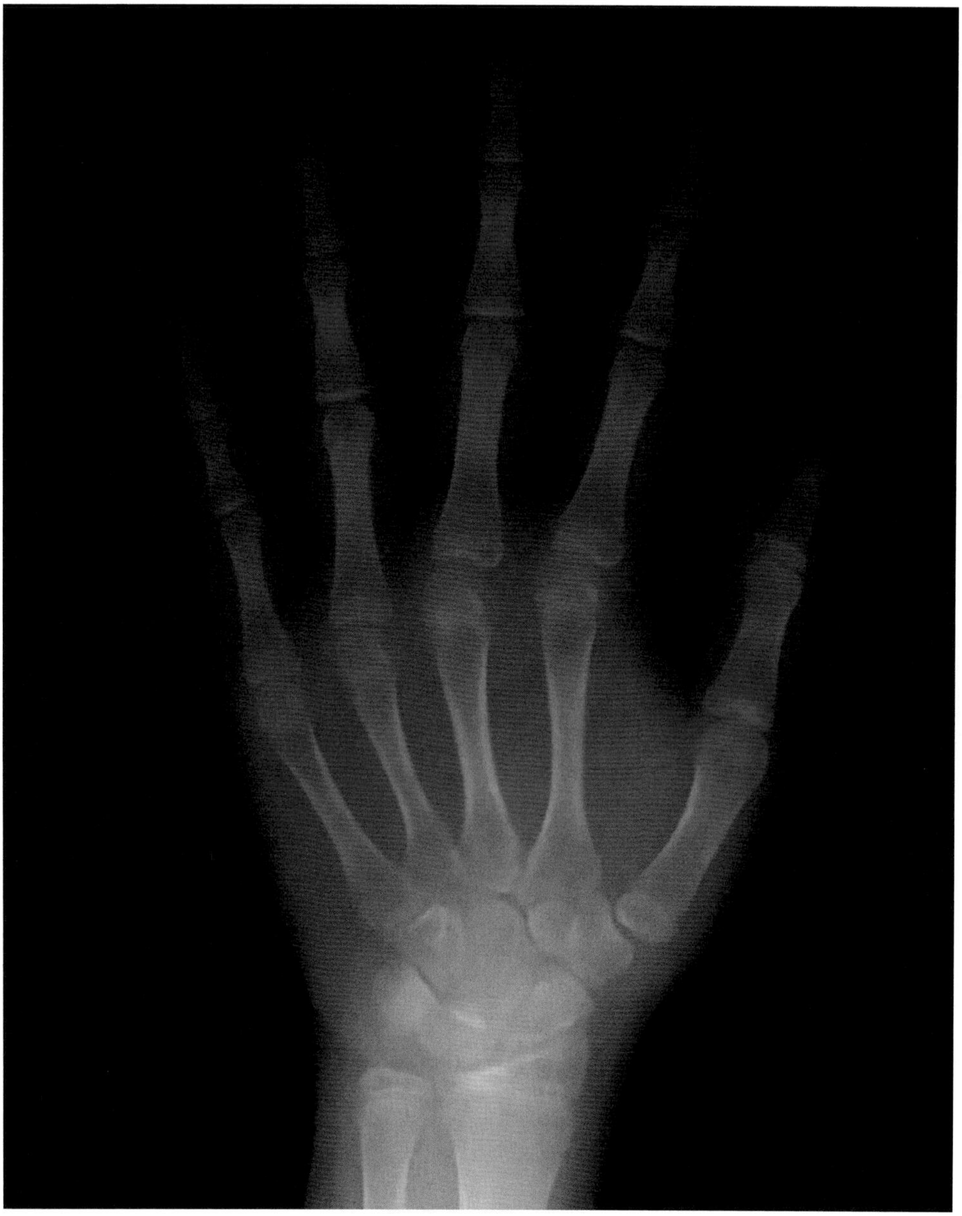

图4-25　整片25

表4-25　整片25的等级评估

评估对象	RUS系13个骨骺的骨发育等级		
	RUS-CHN法	TW3-C RUS法	TW3 RUS法
桡骨	7（2）	7	H
尺骨	6	6	G
第一掌骨	6（0）	6	G
第三掌骨	6	6	G
第五掌骨	6	6	G
第一近节指骨	6（2）	6	G
第三近节指骨	6（2）	6	G
第五近节指骨	6（2）	6	G
第三中节指骨	6（2）	6	G
第五中节指骨	6（2）	6	G
第一远节指骨	6（2）	6	G
第三远节指骨	6（2）	6	G
第五远节指骨	6（2）	6	G

26. 整片26

仔细阅读图4-26并进行骨发育等级评价，详情见表4-26。

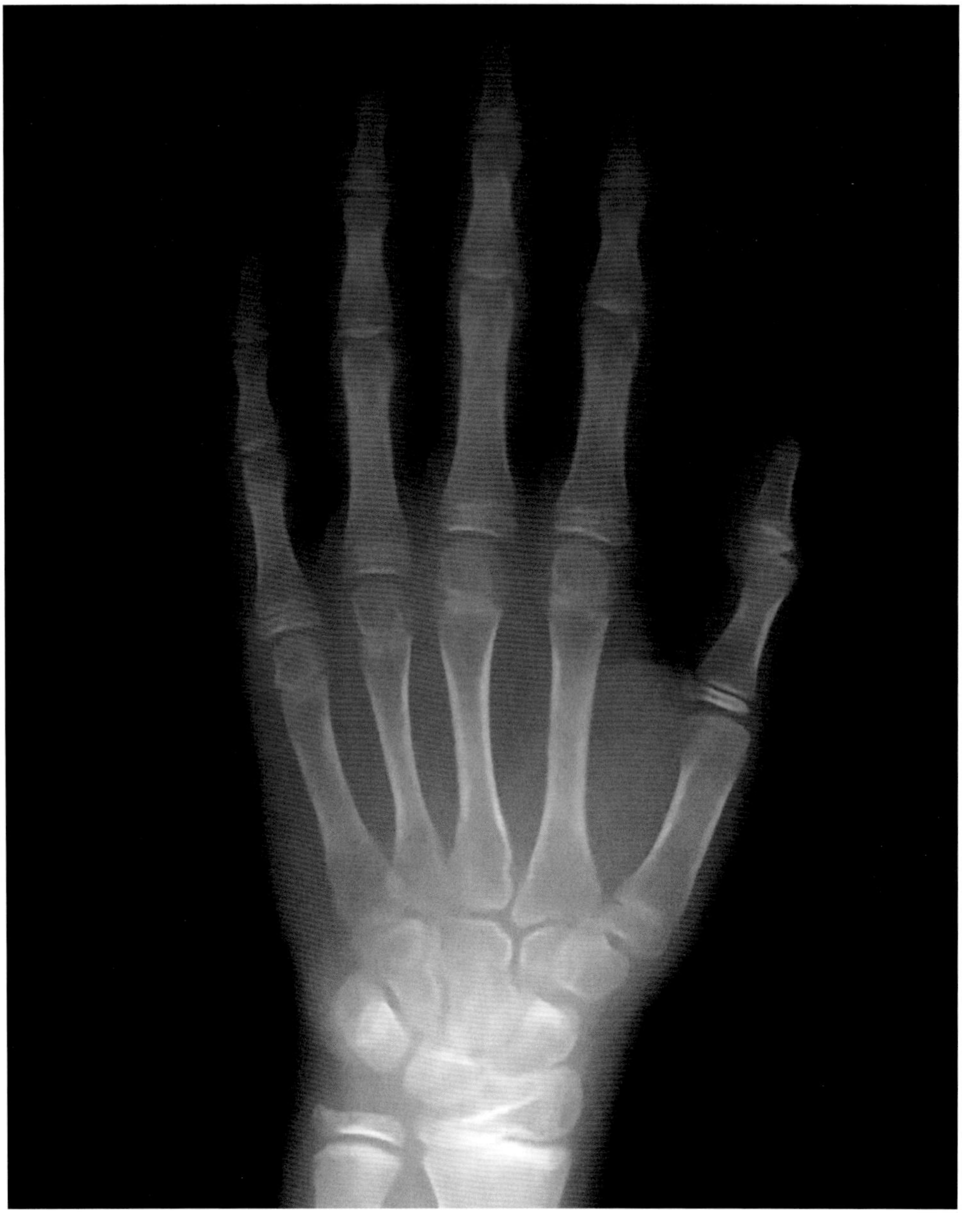

图4-26 整片26

表4-26　整片26的等级评估

评估对象	RUS系13个骨骺的骨发育等级		
	RUS-CHN法	TW3-C RUS法	TW3 RUS法
桡骨	6	6	G
尺骨	5（2）	5	F
第一掌骨	6（0）	6	G
第三掌骨	6	6	G
第五掌骨	6	6	G
第一近节指骨	5（2）	5	F
第三近节指骨	5（2）	5	F
第五近节指骨	6（0）	6	G
第三中节指骨	5（0）	5	F
第五中节指骨	5（0）	5	F
第一远节指骨	5（0）	5	F
第三远节指骨	5（2）	5	F
第五远节指骨	5（2）	5	F

27. 整片27

仔细阅读图4-27并进行骨发育等级评价，详情见表4-27。

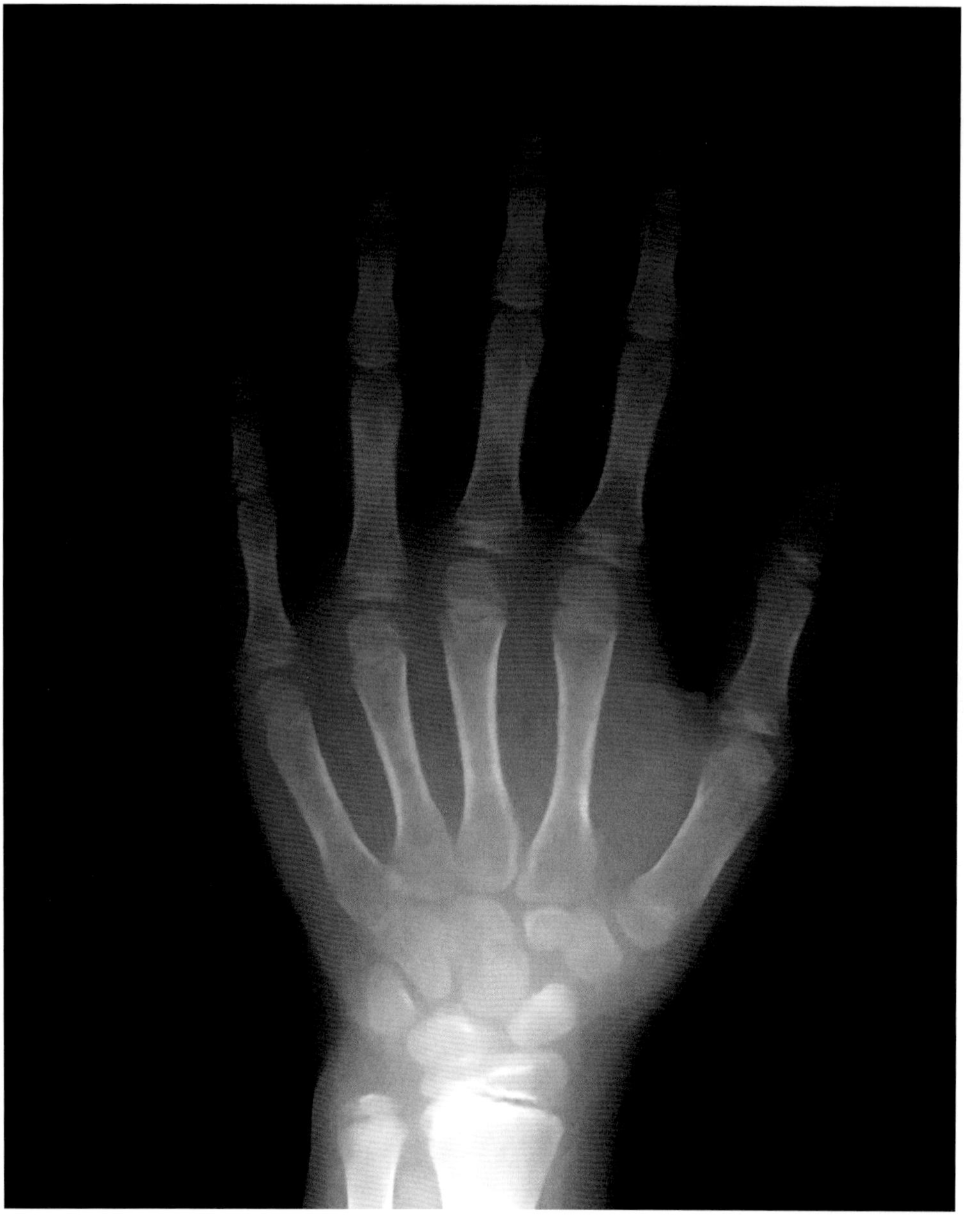

图4-27　整片27

表4-27　整片27的等级评估

评估对象	RUS系13个骨骺的骨发育等级		
	RUS-CHN法	TW3-C RUS法	TW3 RUS法
桡骨	5（2）	5	F
尺骨	4	4	E
第一掌骨	4	4	E
第三掌骨	5	5	F
第五掌骨	4（2）	4	E
第一近节指骨	4（0）	4	E
第三近节指骨	4（0）	4	E
第五近节指骨	4（0）	4	E
第三中节指骨	4（2）	4	E
第五中节指骨	4（0）	4	E
第一远节指骨	5（0）	5	F
第三远节指骨	5（2）	5	F
第五远节指骨	5（0）	5	F

28. 整片28

仔细阅读图4-28并进行骨发育等级评价，详情见表4-28。

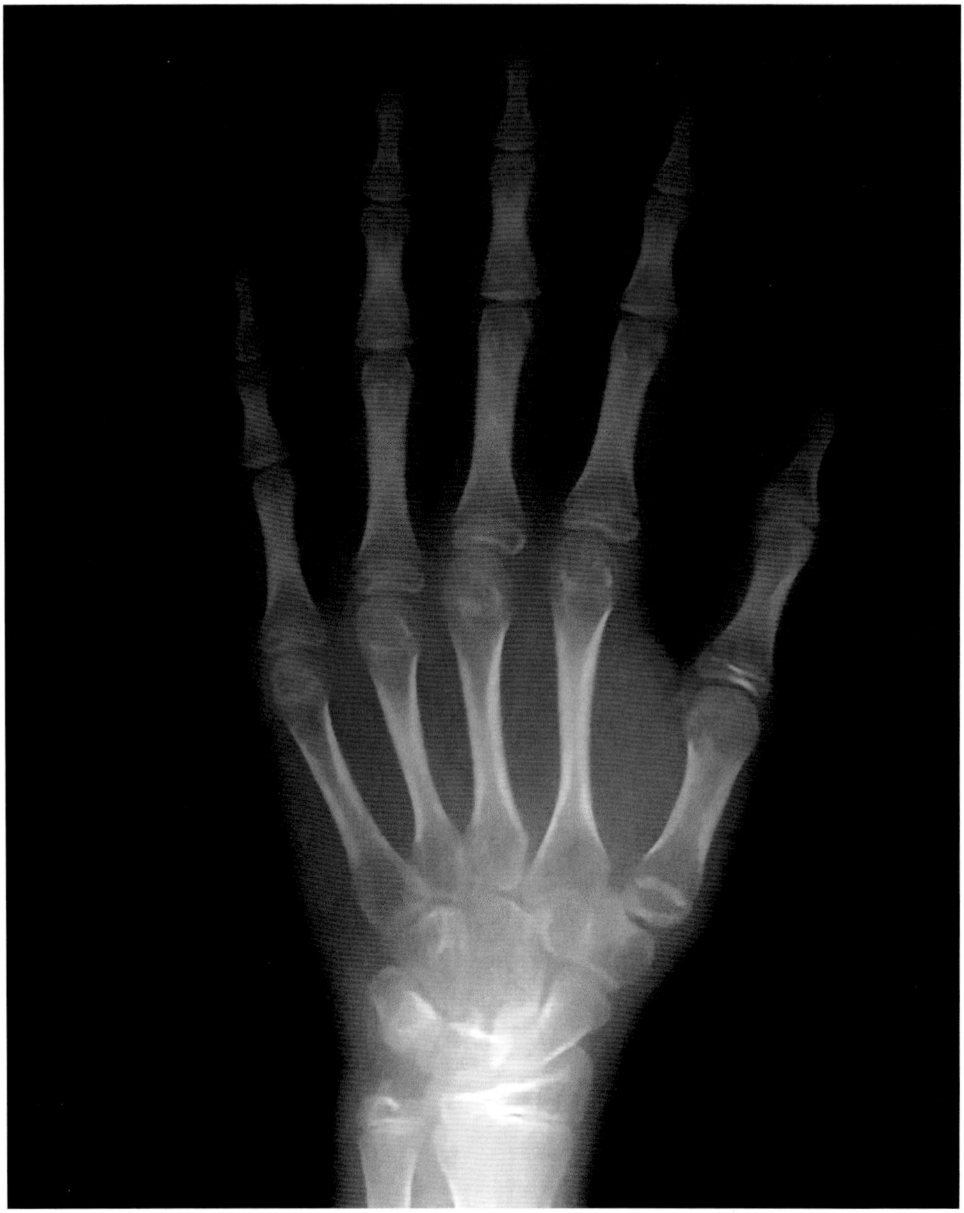

图4-28 整片28

表4-28　整片28的等级评估

评估对象	RUS系13个骨骺的骨发育等级		
	RUS-CHN法	TW3-C RUS法	TW3 RUS法
桡骨	7（2）	7	H
尺骨	6	6	G
第一掌骨	6（2）	6	G
第三掌骨	7（0）	7	H
第五掌骨	6	6	G
第一近节指骨	6（2）	6	G
第三近节指骨	6（2）	6	G
第五近节指骨	6（2）	6	G
第三中节指骨	6（2）	6	G
第五中节指骨	6（2）	6	G
第一远节指骨	7（2）	7	H
第三远节指骨	7（2）	7	H
第五远节指骨	7（2）	7	H

29. 整片29

仔细阅读图4-29并进行骨发育等级评价，详情见表4-29。

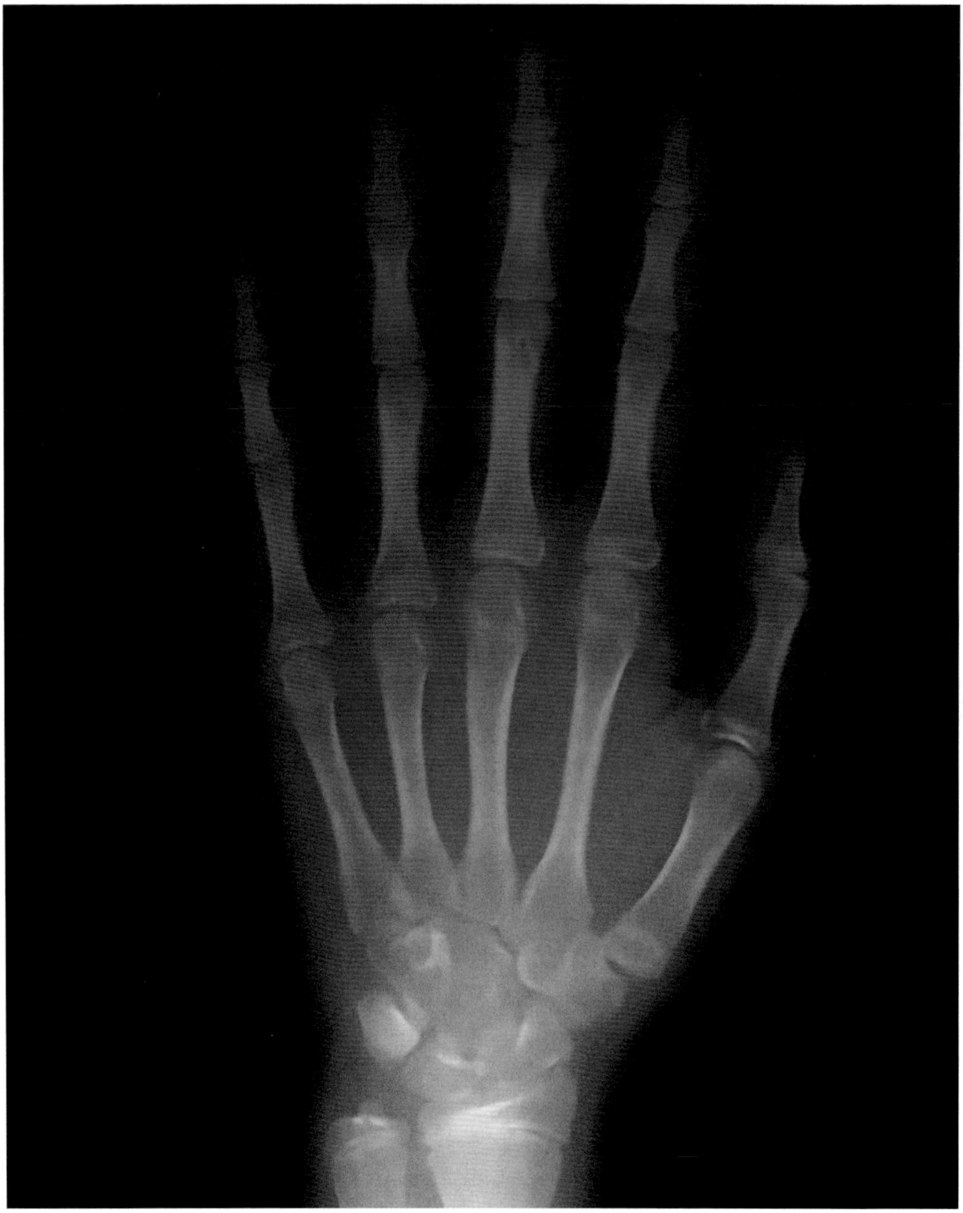

图4-29　整片29

表4-29　整片29的等级评估

评估对象	RUS系13个骨骺的骨发育等级		
	RUS-CHN法	TW3-C RUS法	TW3 RUS法
桡骨	8（1）	8	I
尺骨	6	6	G
第一掌骨	6（2）	6	G
第三掌骨	7（0）	7	H
第五掌骨	7（0）	7	H
第一近节指骨	6（2）	6	G
第三近节指骨	7（0）	7	H
第五近节指骨	7（2）	7	H
第三中节指骨	7（2）	7	H
第五中节指骨	7（2）	7	H
第一远节指骨	7（2）	7	H
第三远节指骨	7（2）	7	H
第五远节指骨	7（2）	7	H

30. 整片30

仔细阅读图4-30并进行骨发育等级评价，详情见表4-30。

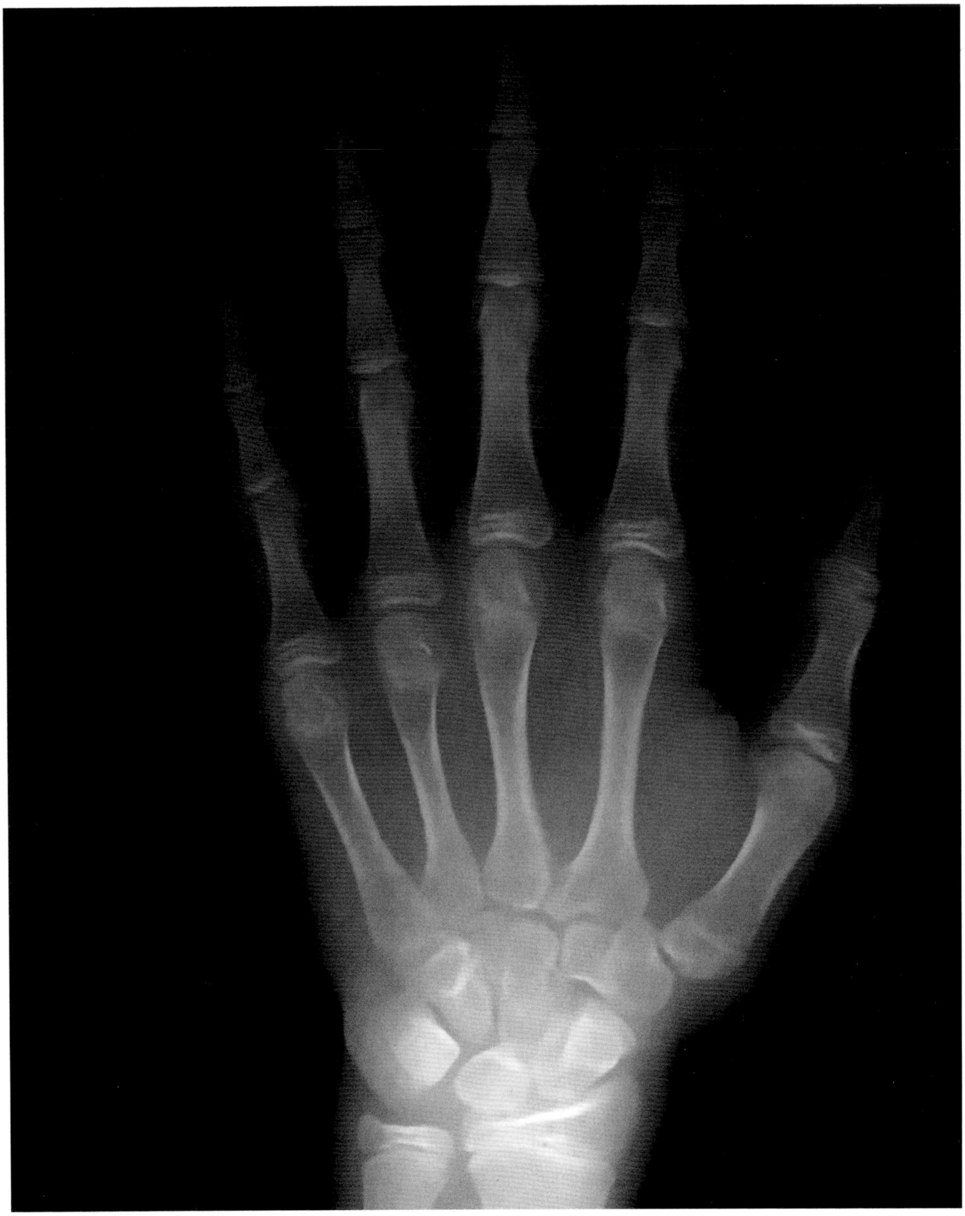

图4-30　整片30

表4-30　整片30的等级评估

评估对象	RUS系13个骨骺的骨发育等级		
	RUS-CHN法	TW3-C RUS法	TW3 RUS法
桡骨	7（2）	7	H
尺骨	6	6	G
第一掌骨	6（2）	6	G
第三掌骨	6	6	G
第五掌骨	6	6	G
第一近节指骨	6（2）	6	G
第三近节指骨	6（2）	6	G
第五近节指骨	6（0）	6	G
第三中节指骨	6（2）	6	G
第五中节指骨	6（0）	6	G
第一远节指骨	6（0）	6	G
第三远节指骨	6（2）	6	G
第五远节指骨	6（0）	6	G

31. 整片31

仔细阅读图4-31并进行骨发育等级评价，详情见表4-31。

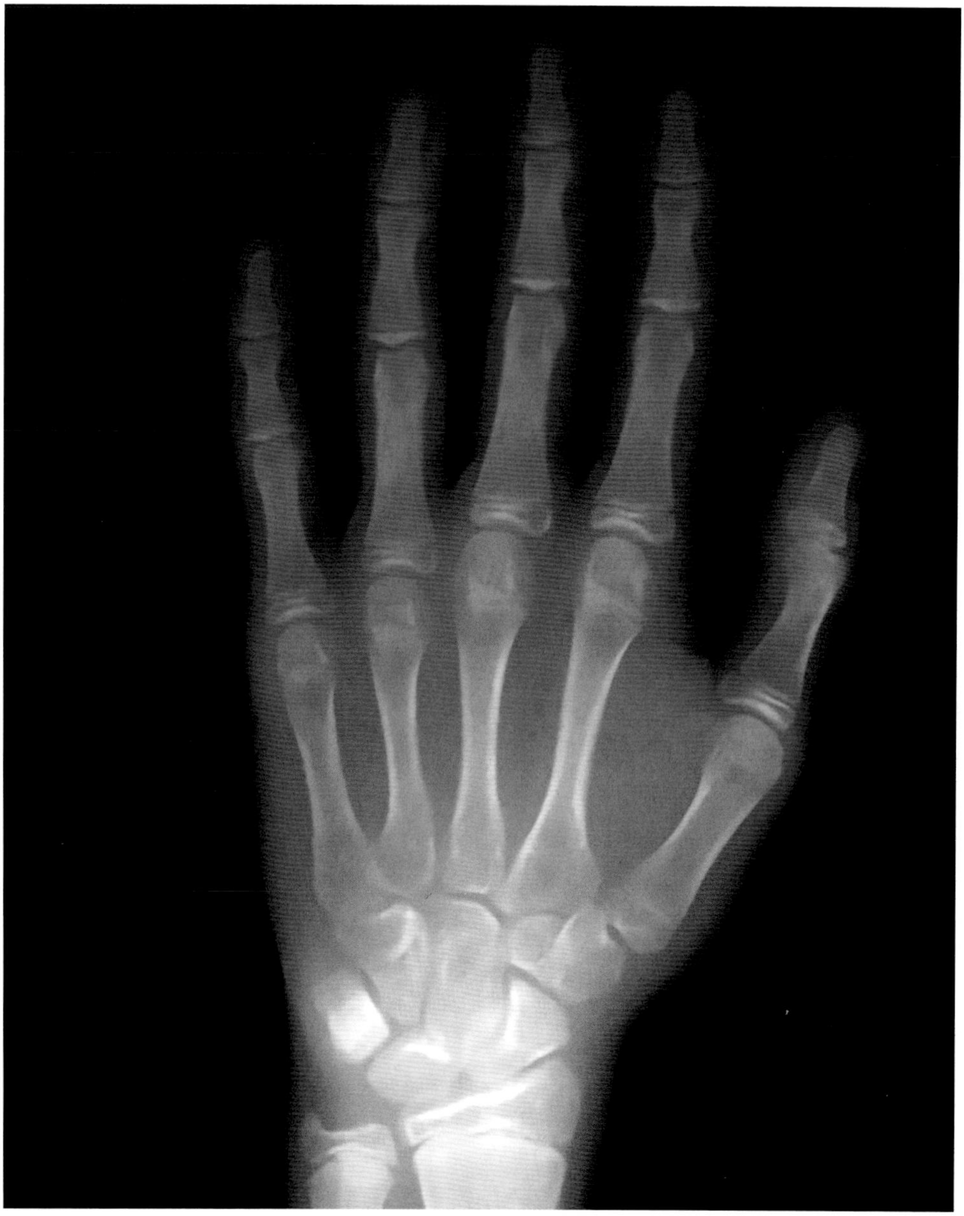

图4-31　整片31

表4-31　整片31的等级评估

评估对象	RUS系13个骨骺的骨发育等级		
	RUS-CHN法	TW3-C RUS法	TW3 RUS法
桡骨	7（2）	7	H
尺骨	6	6	G
第一掌骨	6（2）	6	G
第三掌骨	6	6	G
第五掌骨	6	6	G
第一近节指骨	6（0）	6	G
第三近节指骨	6（0）	6	G
第五近节指骨	6（0）	6	G
第三中节指骨	6（2）	6	G
第五中节指骨	6（0）	6	G
第一远节指骨	6（2）	6	G
第三远节指骨	6（2）	6	G
第五远节指骨	5（2）	5	F

32. 整片32

仔细阅读图4-32并进行骨发育等级评价，详情见表4-32。

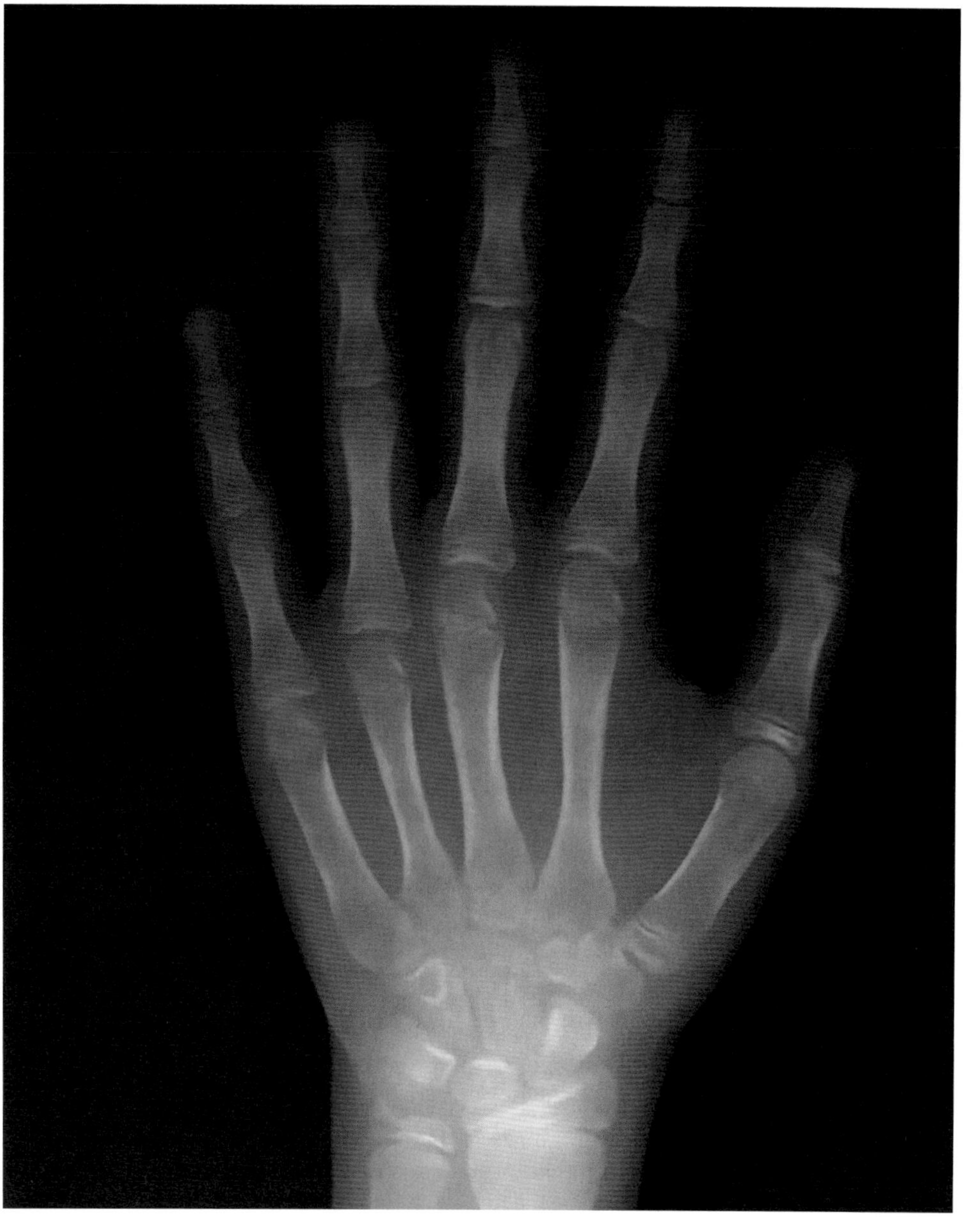

图4-32　整片32

表4-32　整片32的等级评估

评估对象	RUS系13个骨骺的骨发育等级		
	RUS-CHN法	TW3-C RUS法	TW3 RUS法
桡骨	7（0）	7	H
尺骨	6	6	G
第一掌骨	6（2）	6	G
第三掌骨	6	6	G
第五掌骨	6	6	G
第一近节指骨	6（2）	6	G
第三近节指骨	6（2）	6	G
第五近节指骨	6（2）	6	G
第三中节指骨	6（2）	6	G
第五中节指骨	6（0）	6	G
第一远节指骨	6（2）	6	G
第三远节指骨	6（0）	6	G
第五远节指骨	6（0）	6	G

32. 整片33

仔细阅读图4-33并进行骨发育等级评价，详情见表4-33。

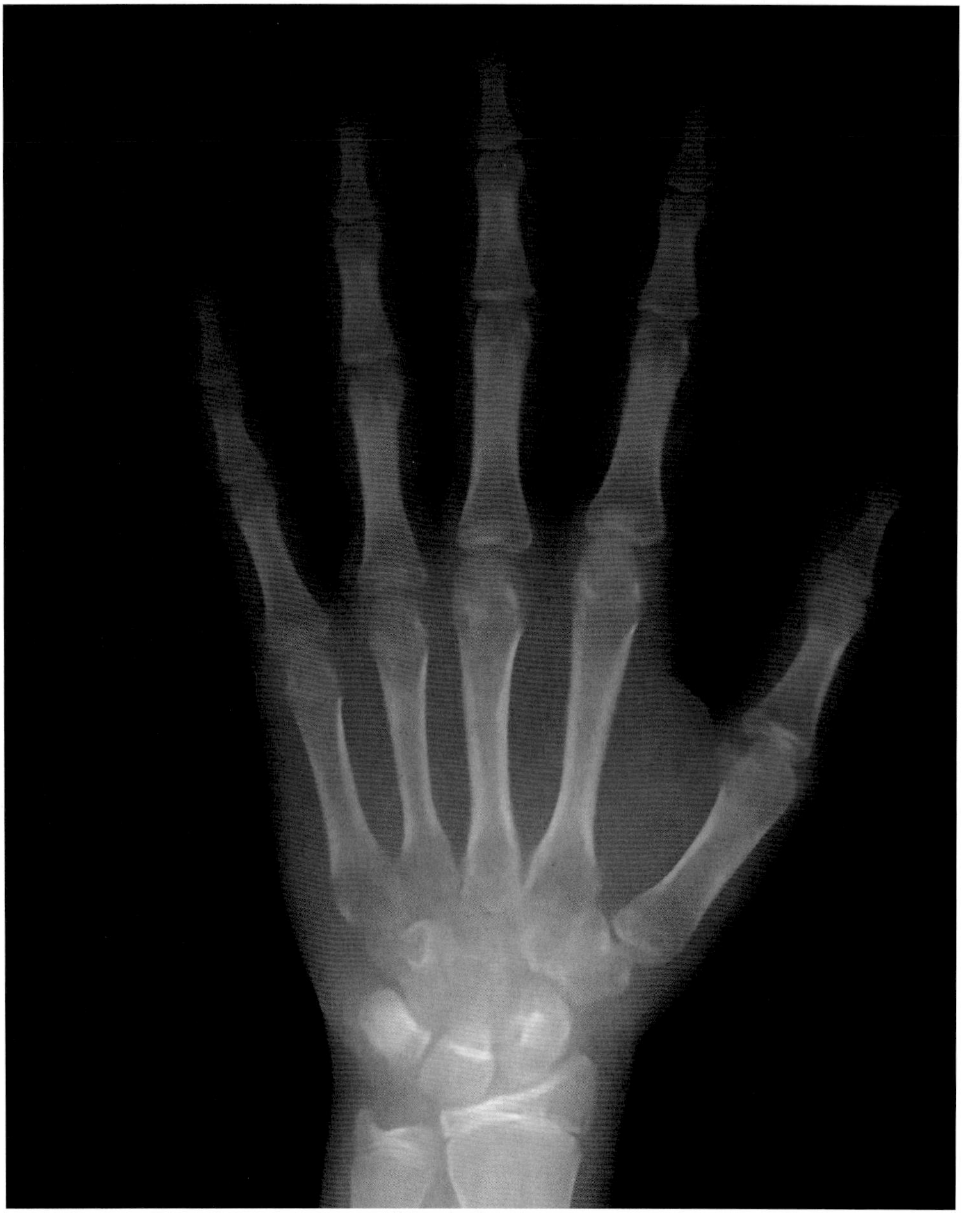

图4-33 整片33

表4-33　整片33的等级评估

评估对象	RUS系13个骨骺的骨发育等级		
	RUS-CHN法	TW3-C RUS法	TW3 RUS法
桡骨	7（2）	7	H
尺骨	6	6	G
第一掌骨	7（2）	7	H
第三掌骨	7（2）	7	H
第五掌骨	7（0）	7	H
第一近节指骨	7（2）	7	H
第三近节指骨	7（2）	7	H
第五近节指骨	7（2）	7	H
第三中节指骨	7（2）	7	H
第五中节指骨	7（2）	7	H
第一远节指骨	7（2）	7	H
第三远节指骨	7（2）	7	H
第五远节指骨	8	8	I

34. 整片34

仔细阅读图4-34并进行骨发育等级评价，详情见表4-34。

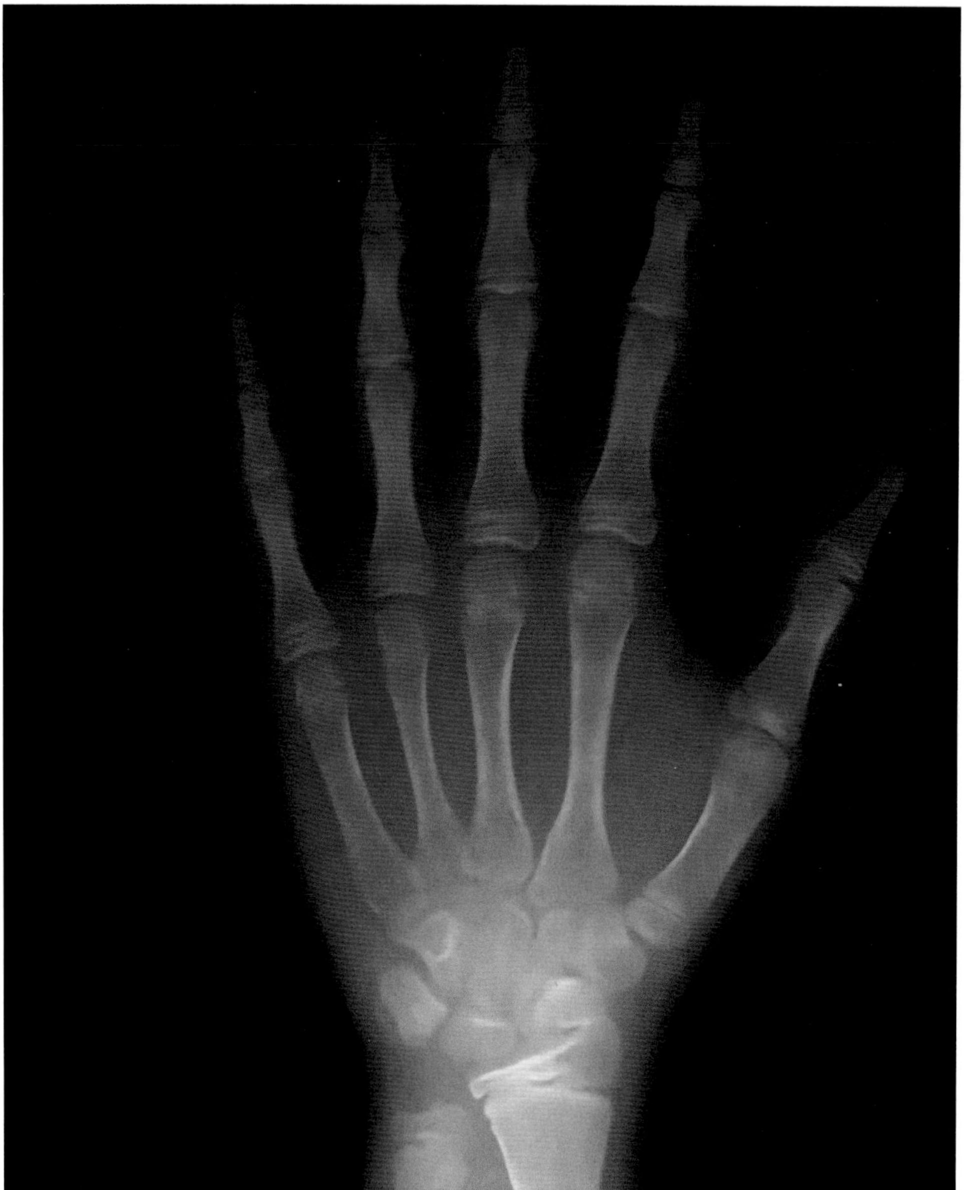

图4-34　整片34

表4-34　整片34的等级评估

评估对象	RUS系13个骨骺的骨发育等级		
	RUS-CHN法	TW3-C RUS法	TW3 RUS法
桡骨	7（0）	7	H
尺骨	6	6	G
第一掌骨	6（0）	6	G
第三掌骨	6	6	G
第五掌骨	6	6	G
第一近节指骨	6（2）	6	G
第三近节指骨	6（2）	6	G
第五近节指骨	6（2）	6	G
第三中节指骨	6（2）	6	G
第五中节指骨	6（0）	6	G
第一远节指骨	6（2）	6	G
第三远节指骨	5（2）	5	F
第五远节指骨	6（0）	6	G

35. 整片35

仔细阅读图4-35并进行骨发育等级评价，详情见表4-35。

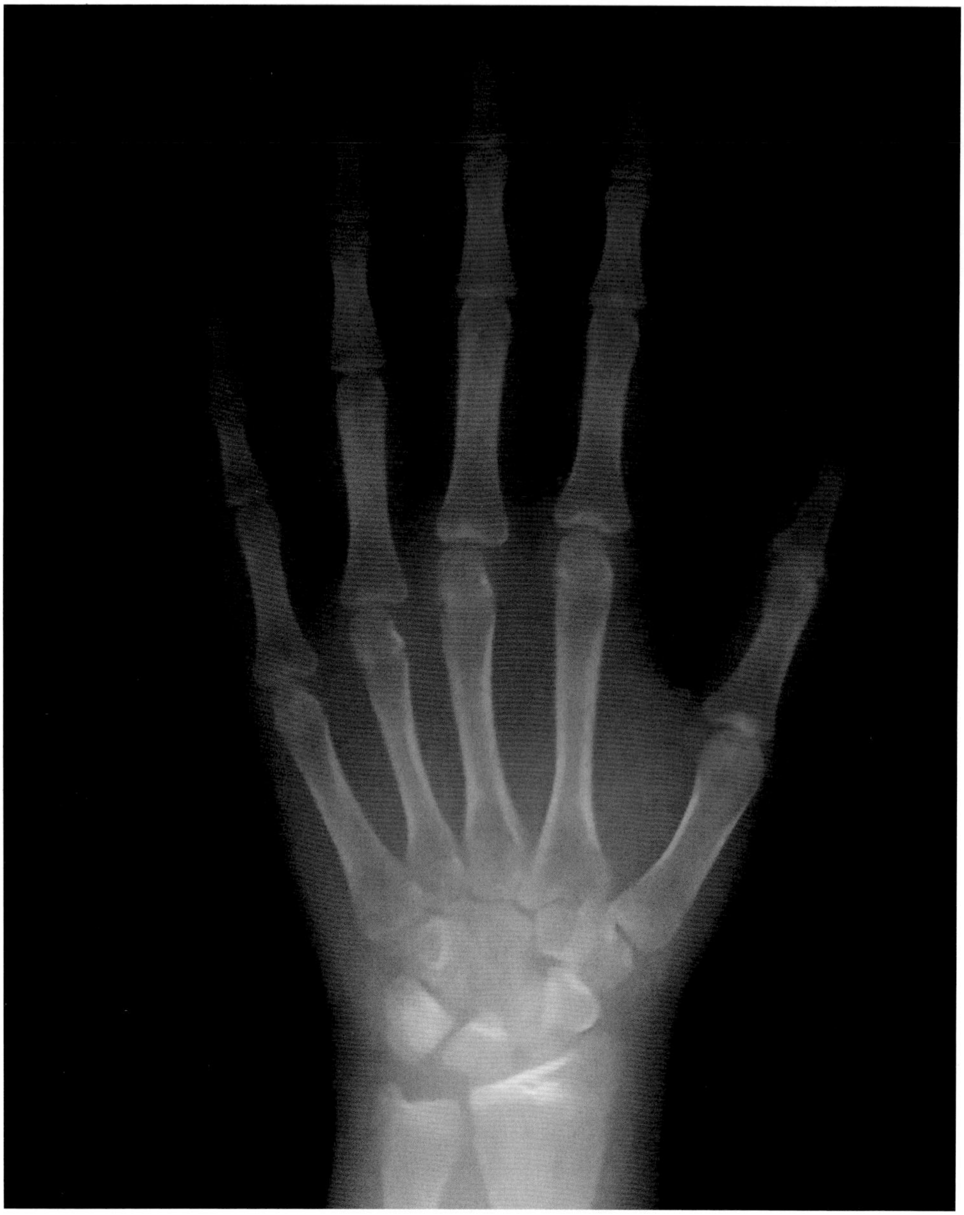

图4-35　整片35

表4-35　整片35的等级评估

评估对象	RUS系13个骨骺的骨发育等级		
	RUS-CHN法	TW3-C RUS法	TW3 RUS法
桡骨	8（2）	8	I
尺骨	7（1）	7	H
第一掌骨	8	8	I
第三掌骨	7（2）	7	H
第五掌骨	7（2）	7	H
第一近节指骨	8	8	I
第三近节指骨	8	8	I
第五近节指骨	8	8	I
第三中节指骨	8	8	I
第五中节指骨	8	8	I
第一远节指骨	8	8	I
第三远节指骨	8	8	I
第五远节指骨	8	8	I

36. 整片36

仔细阅读图4-36并进行骨发育等级评价，详情见表4-36。

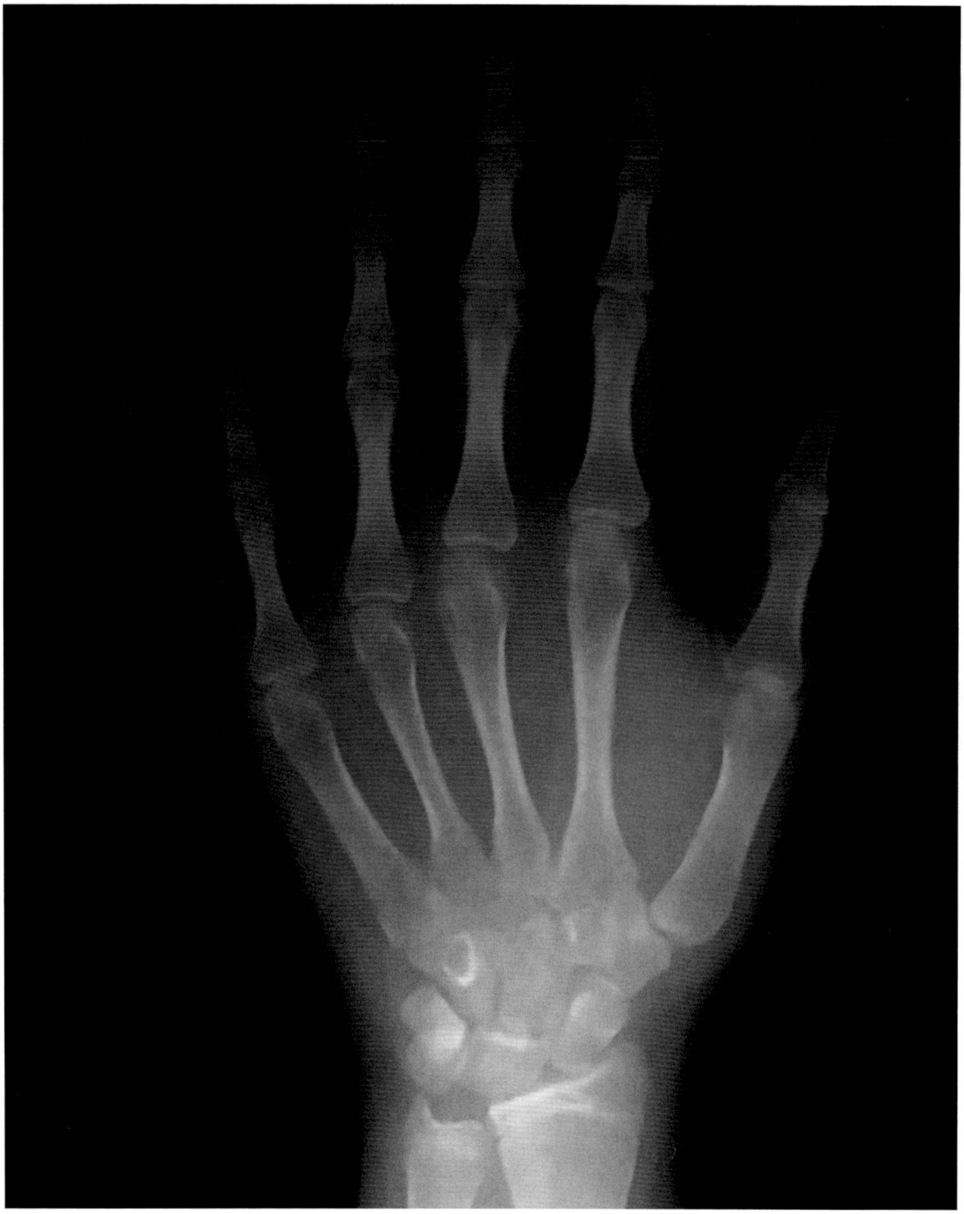

图4-36　整片36

表4-36　整片36的等级评估

评估对象	RUS系13个骨骺的骨发育等级		
	RUS-CHN法	TW3-C RUS法	TW3 RUS法
桡骨	8（3）	8	I
尺骨	7（2）	7	H
第一掌骨	8	8	I
第三掌骨	7（2）	7	H
第五掌骨	7（2）	7	H
第一近节指骨	8	8	I
第三近节指骨	8	8	I
第五近节指骨	8	8	I
第三中节指骨	8	8	I
第五中节指骨	8	8	I
第一远节指骨	7（2）	7	H
第三远节指骨	8	8	I
第五远节指骨	8	8	I

37. 整片37

仔细阅读图4-37并进行骨发育等级评价，详情见表4-37。

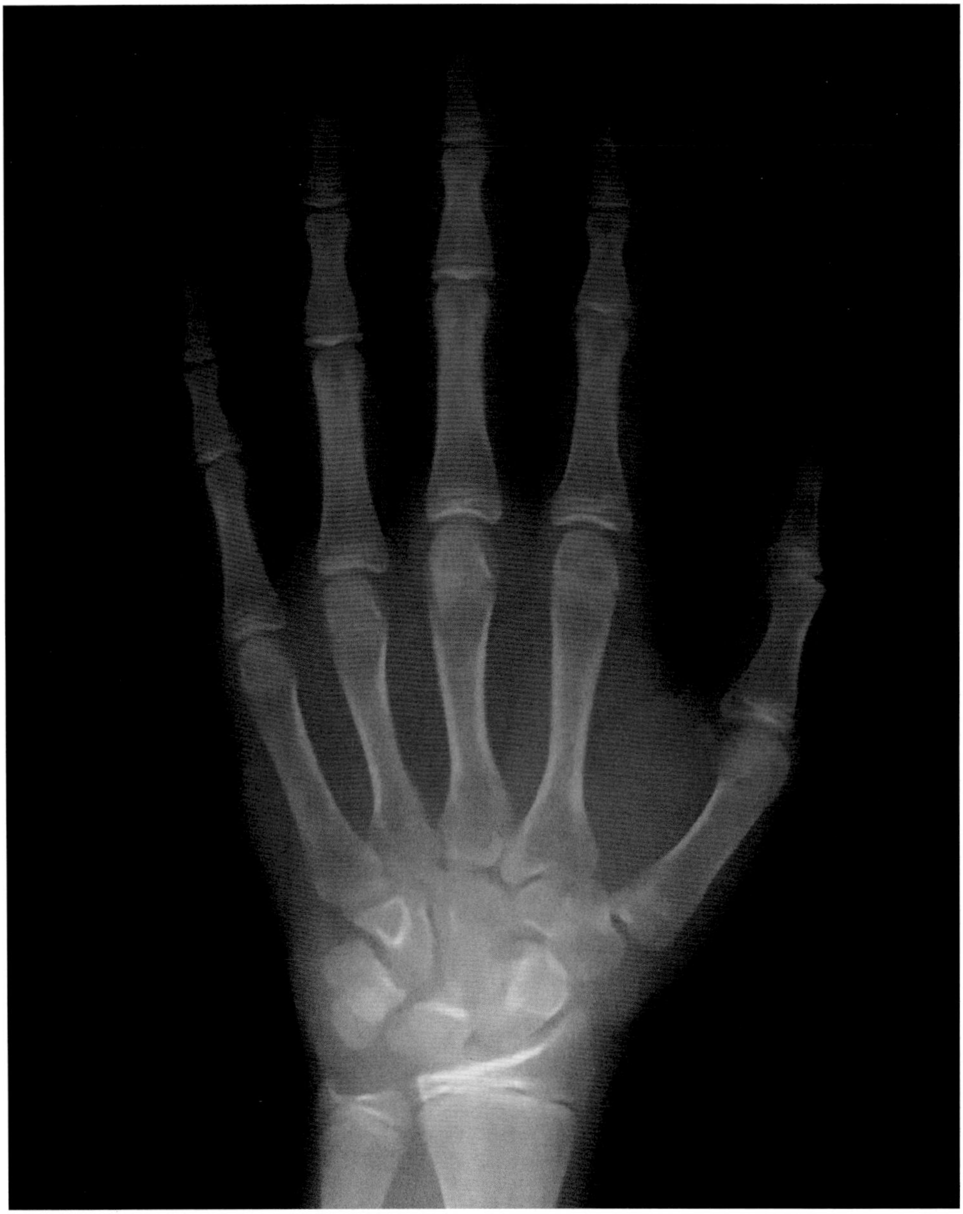

图4-37 整片37

表4-37　整片37的等级评估

评估对象	RUS系13个骨骺的骨发育等级		
	RUS-CHN法	TW3-C RUS法	TW3 RUS法
桡骨	7（2）	7	H
尺骨	6	6	G
第一掌骨	6（2）	6	G
第三掌骨	6	6	G
第五掌骨	6	6	G
第一近节指骨	6（2）	6	G
第三近节指骨	6（2）	6	G
第五近节指骨	6（0）	6	G
第三中节指骨	6（2）	6	G
第五中节指骨	6（2）	6	G
第一远节指骨	6（2）	6	G
第三远节指骨	5（2）	5	F
第五远节指骨	6（0）	6	G

38. 整片38

仔细阅读图4-38并进行骨发育等级评价，详情见表4-38。

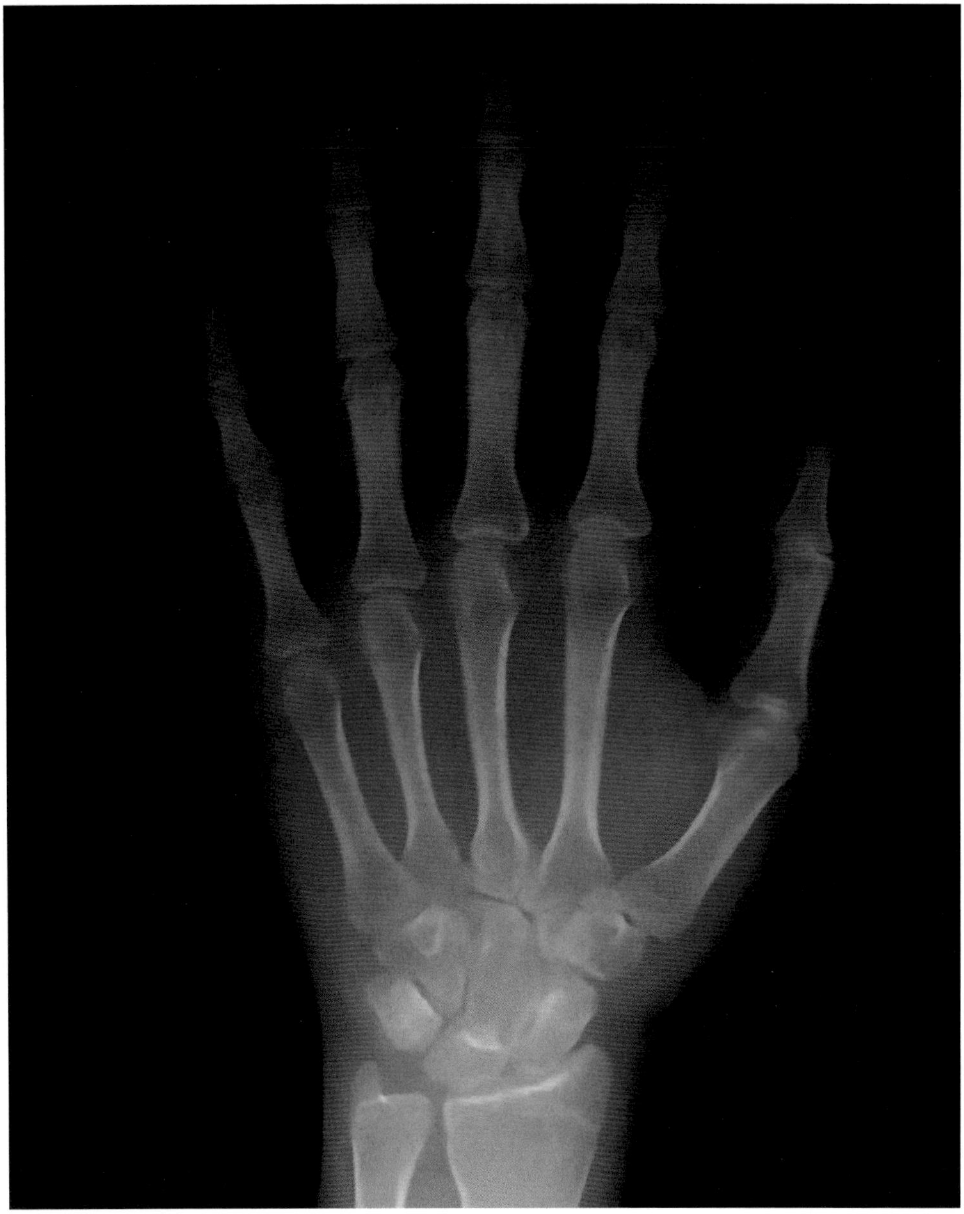

图4-38　整片38

表4-38　整片38的等级评估

评估对象	RUS系13个骨骺的骨发育等级		
	RUS-CHN法	TW3-C RUS法	TW3 RUS法
桡骨	8（3）	8	I
尺骨	7（3）	7	H
第一掌骨	8	8	I
第三掌骨	8	8	I
第五掌骨	8	8	I
第一近节指骨	8	8	I
第三近节指骨	8	8	I
第五近节指骨	8	8	I
第三中节指骨	8	8	I
第五中节指骨	8	8	I
第一远节指骨	8	8	I
第三远节指骨	8	8	I
第五远节指骨	8	8	I

39. 整片39

仔细阅读图4-39并进行骨发育等级评价，详情见表4-39。

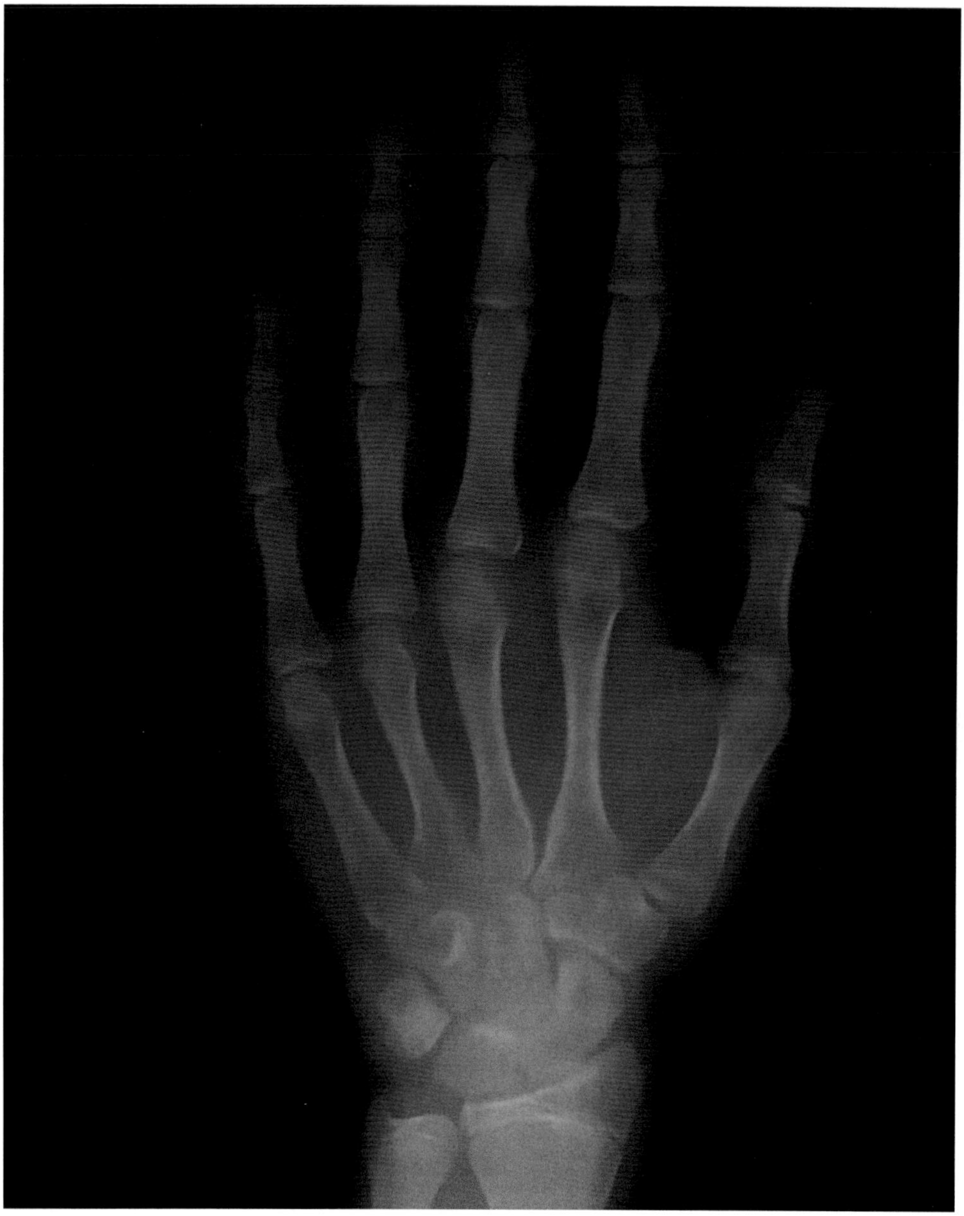

图4-39 整片39

表4-39　整片39的等级评估

评估对象	RUS系13个骨骺的骨发育等级		
	RUS-CHN法	TW3-C RUS法	TW3 RUS法
桡骨	7（2）	7	H
尺骨	6	6	G
第一掌骨	7（2）	7	H
第三掌骨	7（2）	7	H
第五掌骨	7（2）	7	H
第一近节指骨	7（2）	7	H
第三近节指骨	6（2）	6	G
第五近节指骨	6（2）	6	G
第三中节指骨	6（2）	6	G
第五中节指骨	6（2）	6	G
第一远节指骨	7（2）	7	H
第三远节指骨	7（2）	7	H
第五远节指骨	6（2）	6	G

40. 整片40

仔细阅读图4-40并进行骨发育等级评价，详情见表4-40。

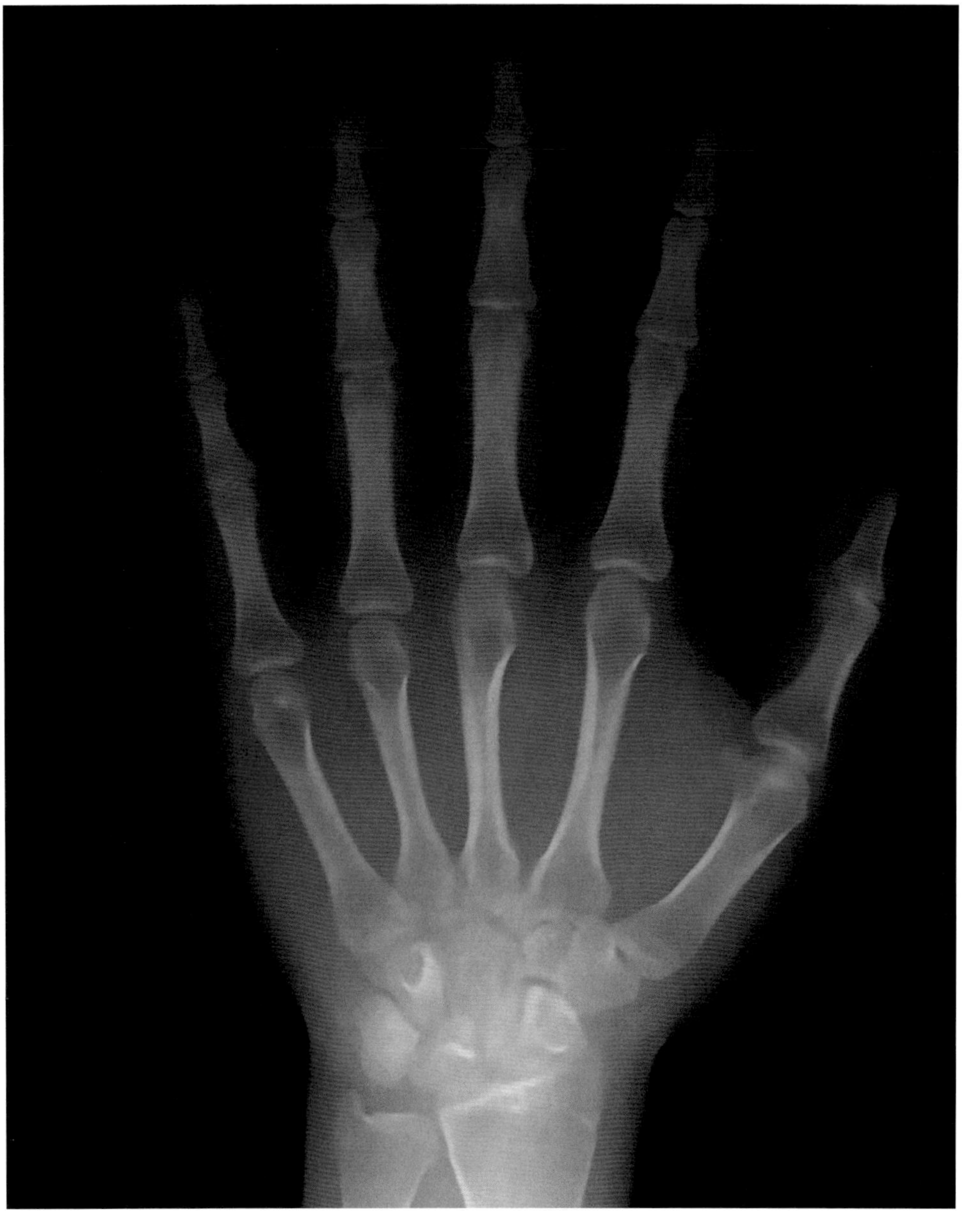

图4-40　整片40

表4-40　整片40的等级评估

评估对象	RUS系13个骨骺的骨发育等级		
	RUS-CHN法	TW3-C RUS法	TW3 RUS法
桡骨	8（3）	8	I
尺骨	7（4）	7	H
第一掌骨	8	8	I
第三掌骨	8	8	I
第五掌骨	8	8	I
第一近节指骨	8	8	I
第三近节指骨	8	8	I
第五近节指骨	8	8	I
第三中节指骨	8	8	I
第五中节指骨	8	8	I
第一远节指骨	8	8	I
第三远节指骨	8	8	I
第五远节指骨	8	8	I

41. 整片41

仔细阅读图4-41并进行骨发育等级评价，详情见表4-41。

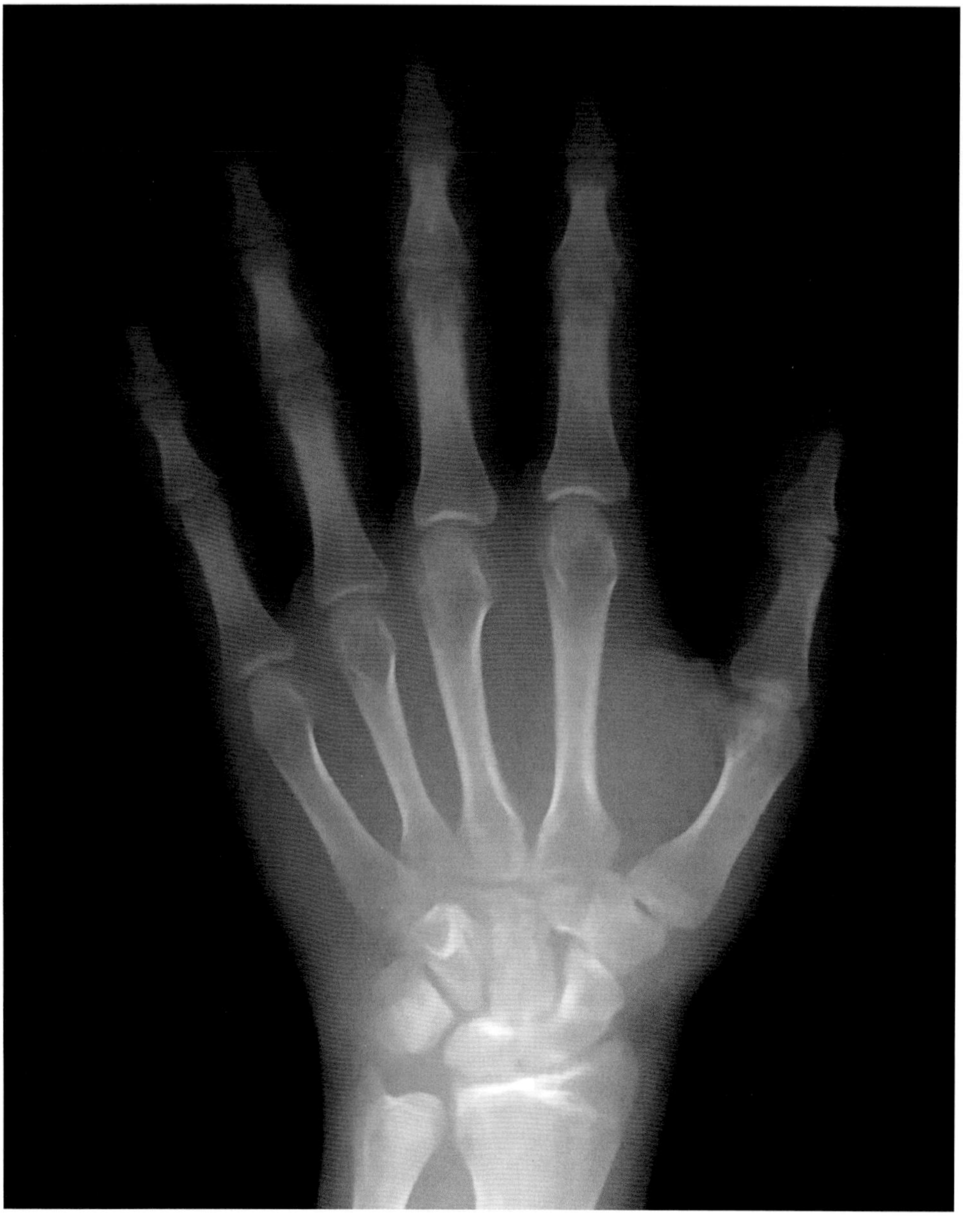

图4-41　整片41

表4-41　整片41的等级评估

评估对象	RUS系13个骨骺的骨发育等级		
	RUS-CHN法	TW3-C RUS法	TW3 RUS法
桡骨	8（3）	8	I
尺骨	7（1）	7	H
第一掌骨	8	8	I
第三掌骨	8	8	I
第五掌骨	8	8	I
第一近节指骨	8	8	I
第三近节指骨	8	8	I
第五近节指骨	8	8	I
第三中节指骨	8	8	I
第五中节指骨	8	8	I
第一远节指骨	8	8	I
第三远节指骨	8	8	I
第五远节指骨	8	8	I

42. 整片42

仔细阅读图4-42并进行骨发育等级评价，详情见表4-42。

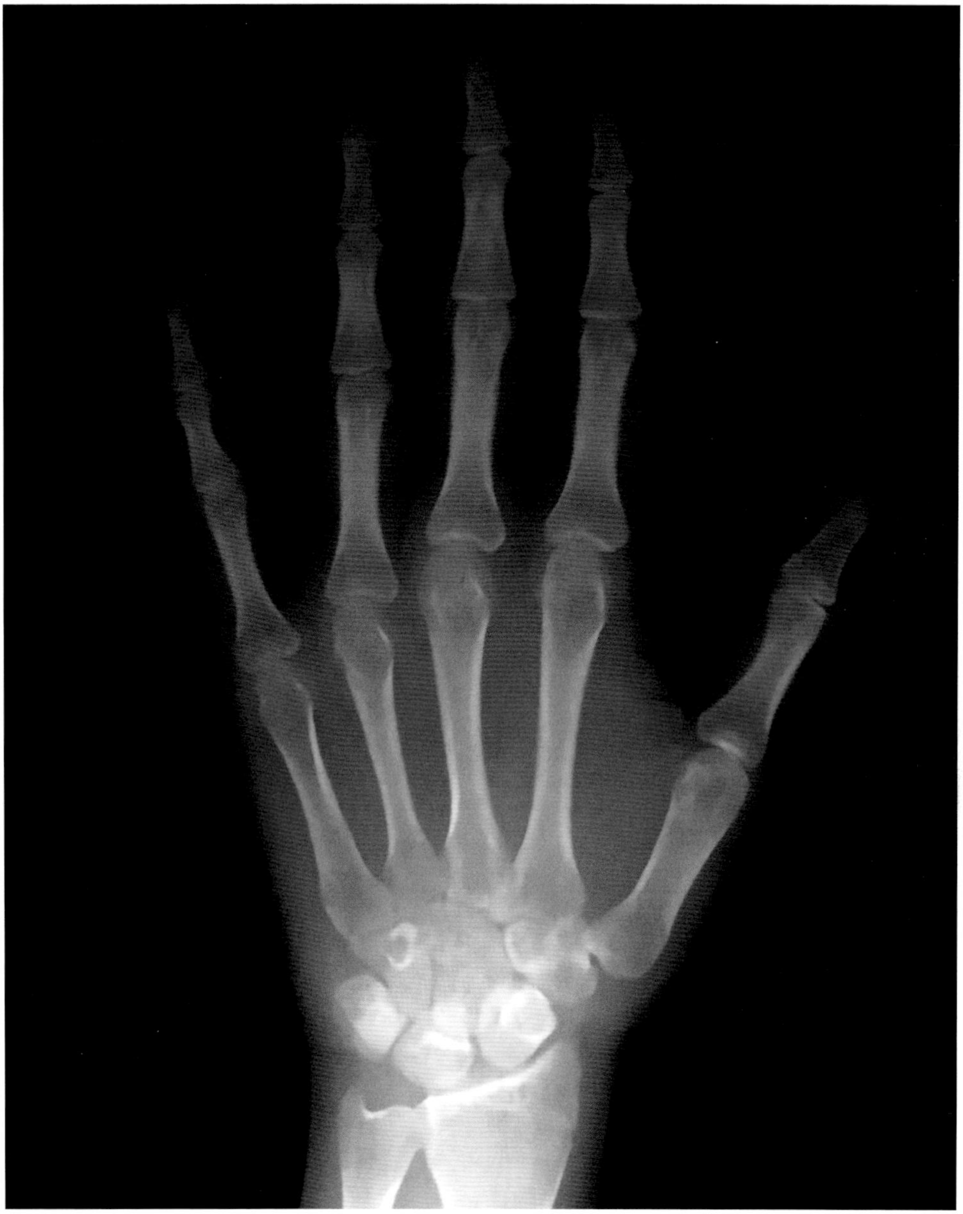

图4-42　整片42

表4-42　整片42的等级评估

评估对象	RUS系13个骨骺的骨发育等级		
	RUS-CHN法	TW3-C RUS法	TW3 RUS法
桡骨	8（3）	8	I
尺骨	7（4）	7	H
第一掌骨	8	8	I
第三掌骨	8	8	I
第五掌骨	8	8	I
第一近节指骨	8	8	I
第三近节指骨	8	8	I
第五近节指骨	8	8	I
第三中节指骨	8	8	I
第五中节指骨	8	8	I
第一远节指骨	8	8	I
第三远节指骨	8	8	I
第五远节指骨	8	8	I

43．整片43

仔细阅读图4-43并进行骨发育等级评价，详情见表4-43。

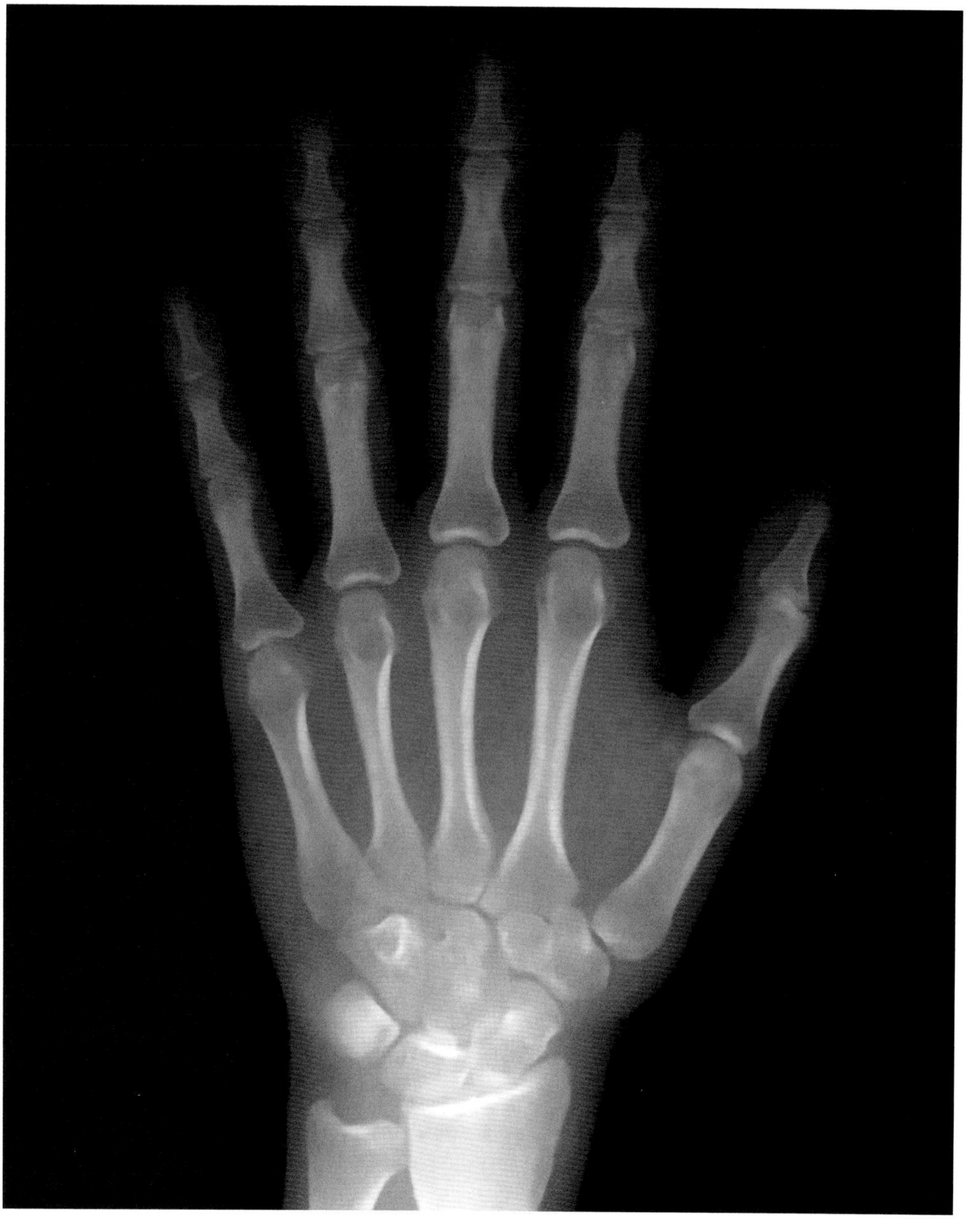

图4-43　整片43

表4-43　整片43的等级评估

评估对象	RUS系13个骨骺的骨发育等级		
	RUS-CHN法	TW3-C RUS法	TW3 RUS法
桡骨	8（4）	8	I
尺骨	7（4）	7	H
第一掌骨	8	8	I
第三掌骨	8	8	I
第五掌骨	8	8	I
第一近节指骨	8	8	I
第三近节指骨	8	8	I
第五近节指骨	8	8	I
第三中节指骨	8	8	I
第五中节指骨	8	8	I
第一远节指骨	8	8	I
第三远节指骨	8	8	I
第五远节指骨	8	8	I

44. 整片44

仔细阅读图4-44并进行骨发育等级评价，详情见表4-44。

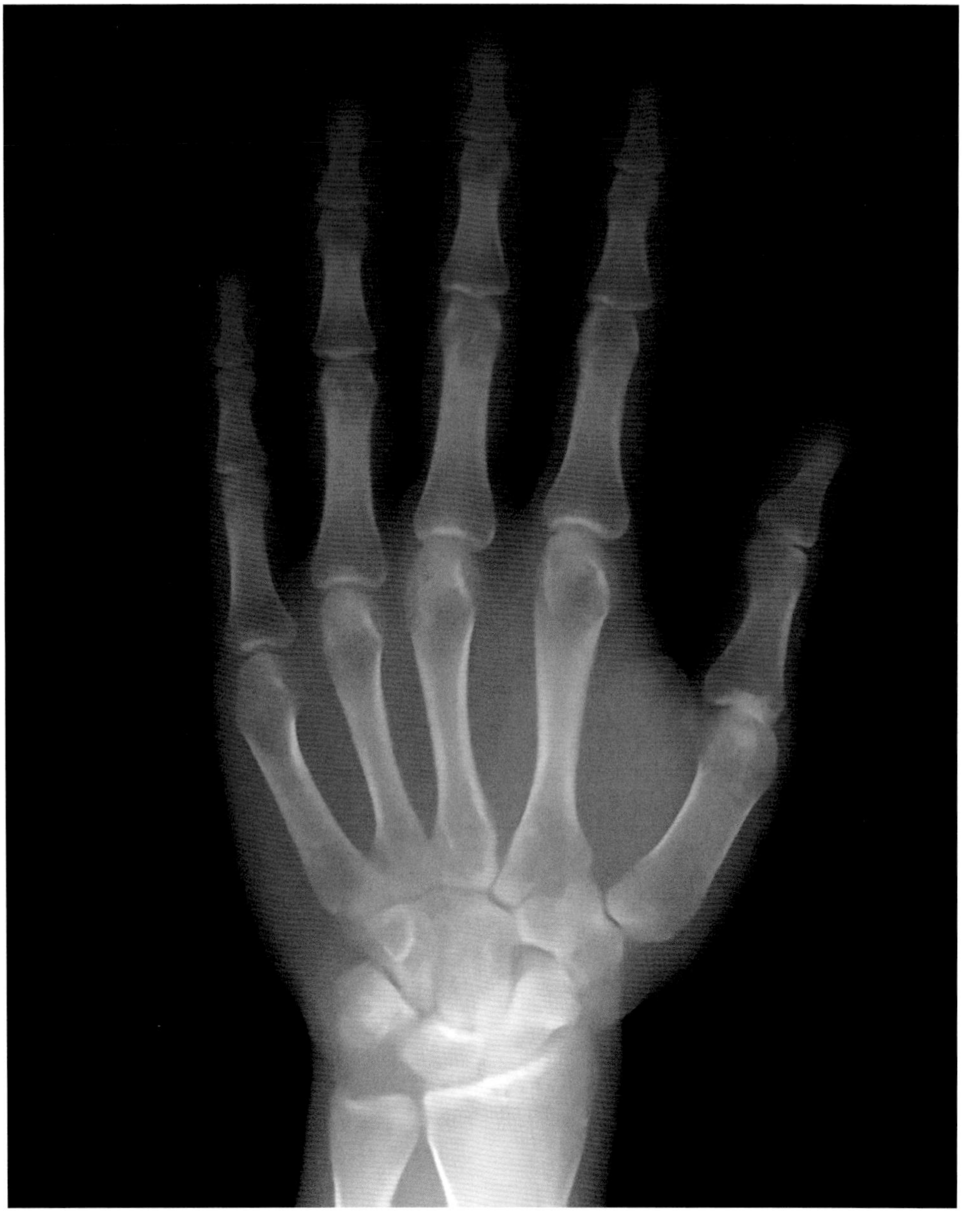

图4-44 整片44

表4-44　整片44的等级评估

评估对象	RUS系13个骨骺的骨发育等级		
	RUS-CHN法	TW3-C RUS法	TW3 RUS法
桡骨	8（3）	8	I
尺骨	7（4）	7	H
第一掌骨	8	8	I
第三掌骨	8	8	I
第五掌骨	8	8	I
第一近节指骨	8	8	I
第三近节指骨	8	8	I
第五近节指骨	8	8	I
第三中节指骨	8	8	I
第五中节指骨	8	8	I
第一远节指骨	8	8	I
第三远节指骨	8	8	I
第五远节指骨	8	8	I

45. 整片45

仔细阅读图4-45并进行骨发育等级评价，详情见表4-45。

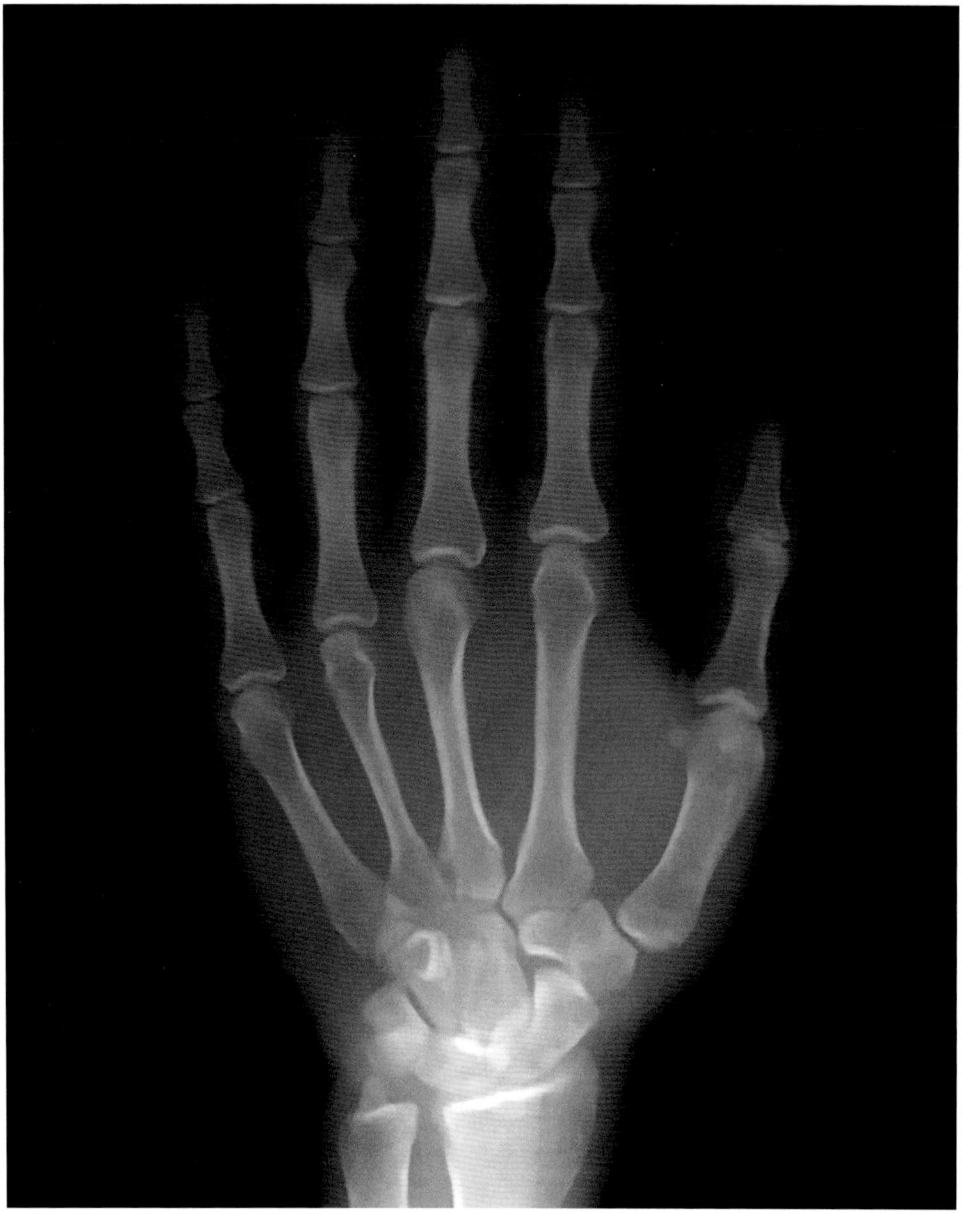

图4-45 整片45

表4-45　整片45的等级评估

评估对象	RUS系13个骨骺的骨发育等级		
	RUS-CHN法	TW3-C RUS法	TW3 RUS法
桡骨	8（4）	8	I
尺骨	7（4）	7	H
第一掌骨	8	8	I
第三掌骨	8	8	I
第五掌骨	8	8	I
第一近节指骨	8	8	I
第三近节指骨	8	8	I
第五近节指骨	8	8	I
第三中节指骨	8	8	I
第五中节指骨	8	8	I
第一远节指骨	8	8	I
第三远节指骨	7（2）	7	H
第五远节指骨	8	8	I

46. 整片46

仔细阅读图4-46并进行骨发育等级评价，详情见表4-46。

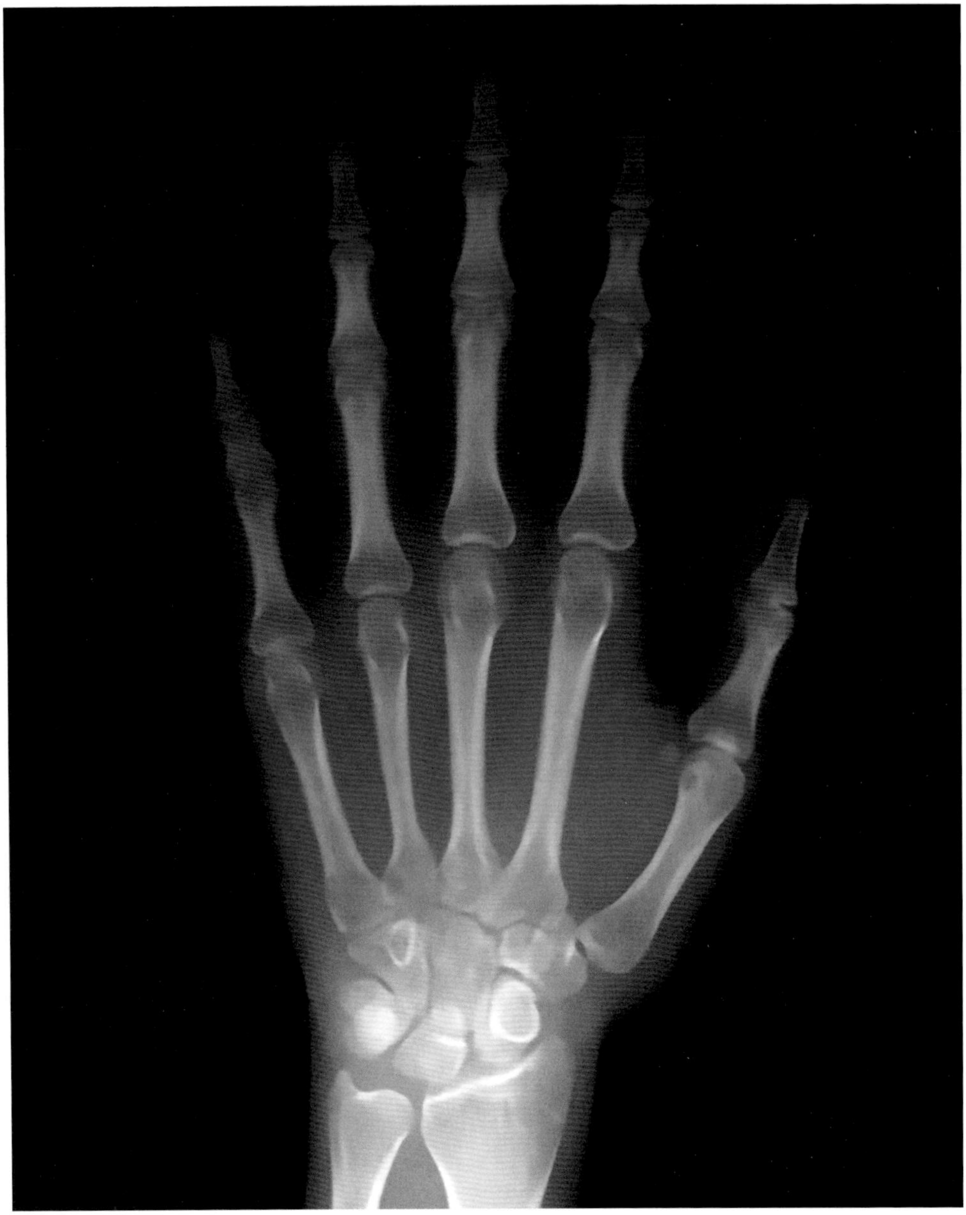

图4-46　整片46

表4-46　整片46的等级评估

评估对象	RUS系13个骨骺的骨发育等级		
	RUS-CHN法	TW3-C RUS法	TW3 RUS法
桡骨	8（4）	8	I
尺骨	7（4）	7	H
第一掌骨	8	8	I
第三掌骨	8	8	I
第五掌骨	8	8	I
第一近节指骨	8	8	I
第三近节指骨	8	8	I
第五近节指骨	8	8	I
第三中节指骨	8	8	I
第五中节指骨	8	8	I
第一远节指骨	8	8	I
第三远节指骨	8	8	I
第五远节指骨	8	8	I

47. 整片47

仔细阅读图4-47并进行骨发育等级评价，详情见表4-47。

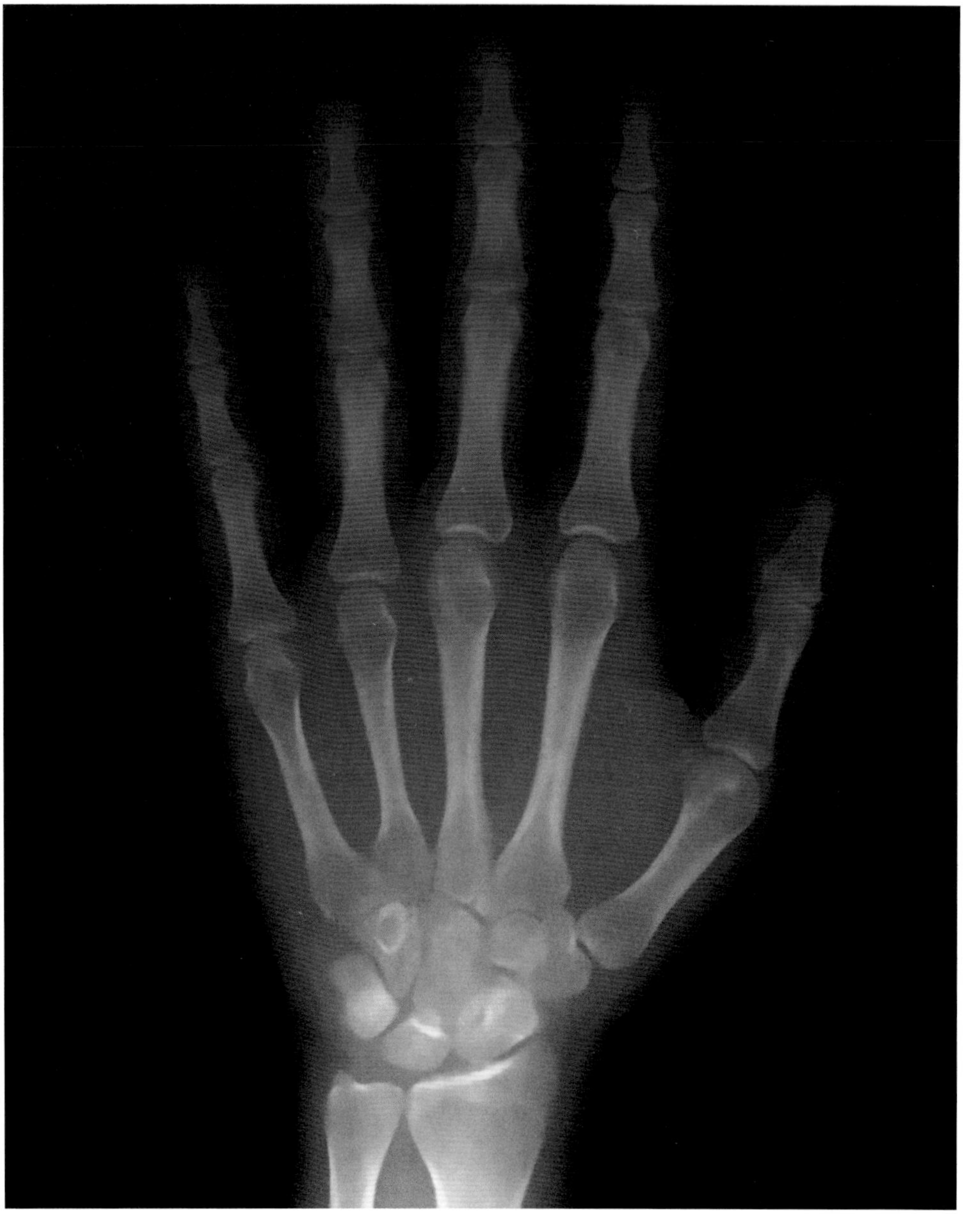

图4-47　整片47

表4-47 整片47的等级评估

评估对象	RUS系13个骨骺的骨发育等级		
	RUS-CHN法	TW3-C RUS法	TW3 RUS法
桡骨	8（3）	8	I
尺骨	7（4）	7	H
第一掌骨	8	8	I
第三掌骨	8	8	I
第五掌骨	8	8	I
第一近节指骨	8	8	I
第三近节指骨	8	8	I
第五近节指骨	8	8	I
第三中节指骨	8	8	I
第五中节指骨	8	8	I
第一远节指骨	8	8	I
第三远节指骨	8	8	I
第五远节指骨	8	8	I

48. 整片48

仔细阅读图4-48并进行骨发育等级评价，详情见表4-48。

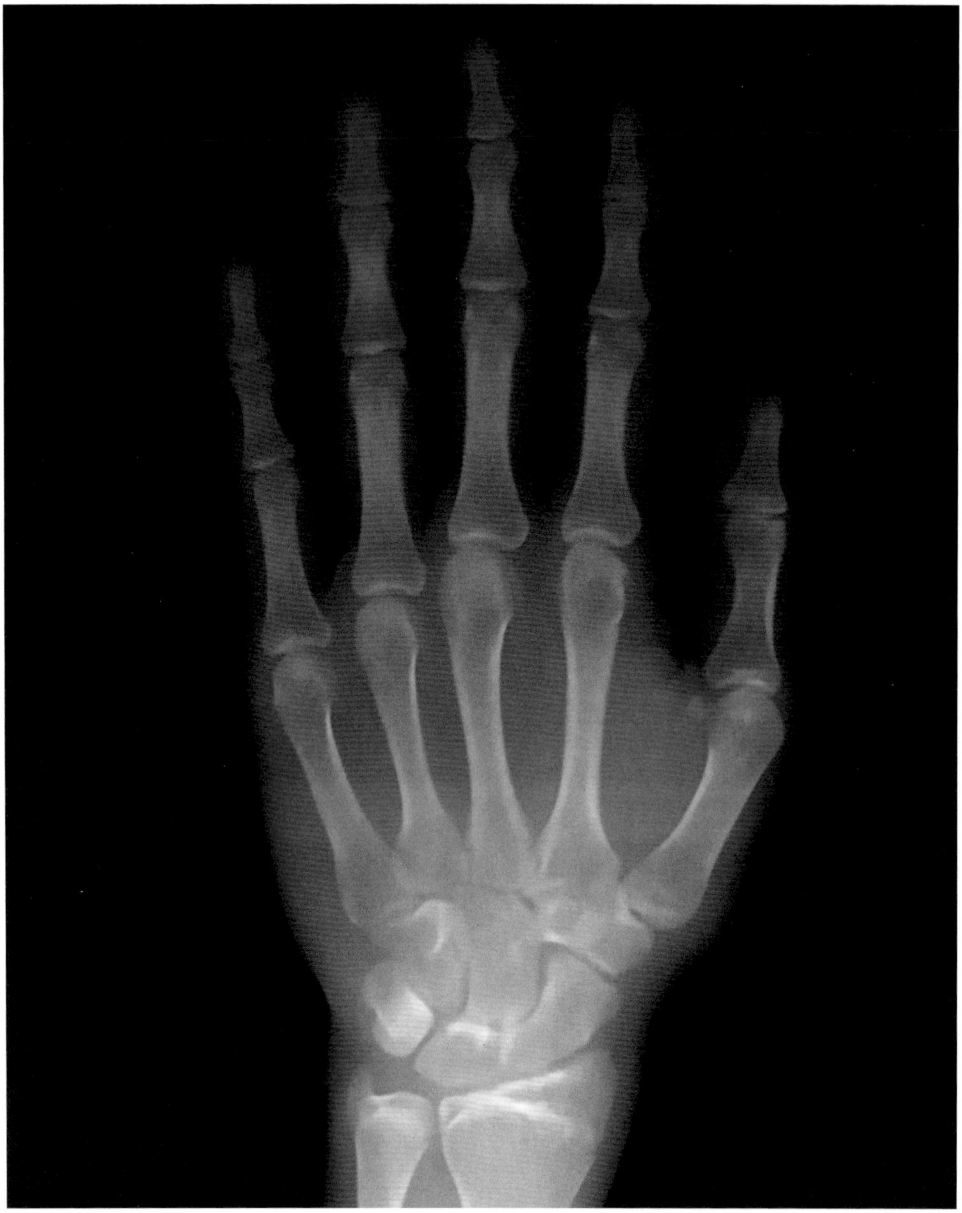

图4-48　整片48

表4-48　整片48的等级评估

评估对象	RUS系13个骨骺的骨发育等级		
	RUS-CHN法	TW3-C RUS法	TW3 RUS法
桡骨	8（3）	8	I
尺骨	7（3）	7	H
第一掌骨	8	8	I
第三掌骨	8	8	I
第五掌骨	8	8	I
第一近节指骨	8	8	I
第三近节指骨	8	8	I
第五近节指骨	8	8	I
第三中节指骨	8	8	I
第五中节指骨	8	8	I
第一远节指骨	8	8	I
第三远节指骨	8	8	I
第五远节指骨	8	8	I

49. 整片49

仔细阅读图4-49并进行骨发育等级评价，详情见表4-49。

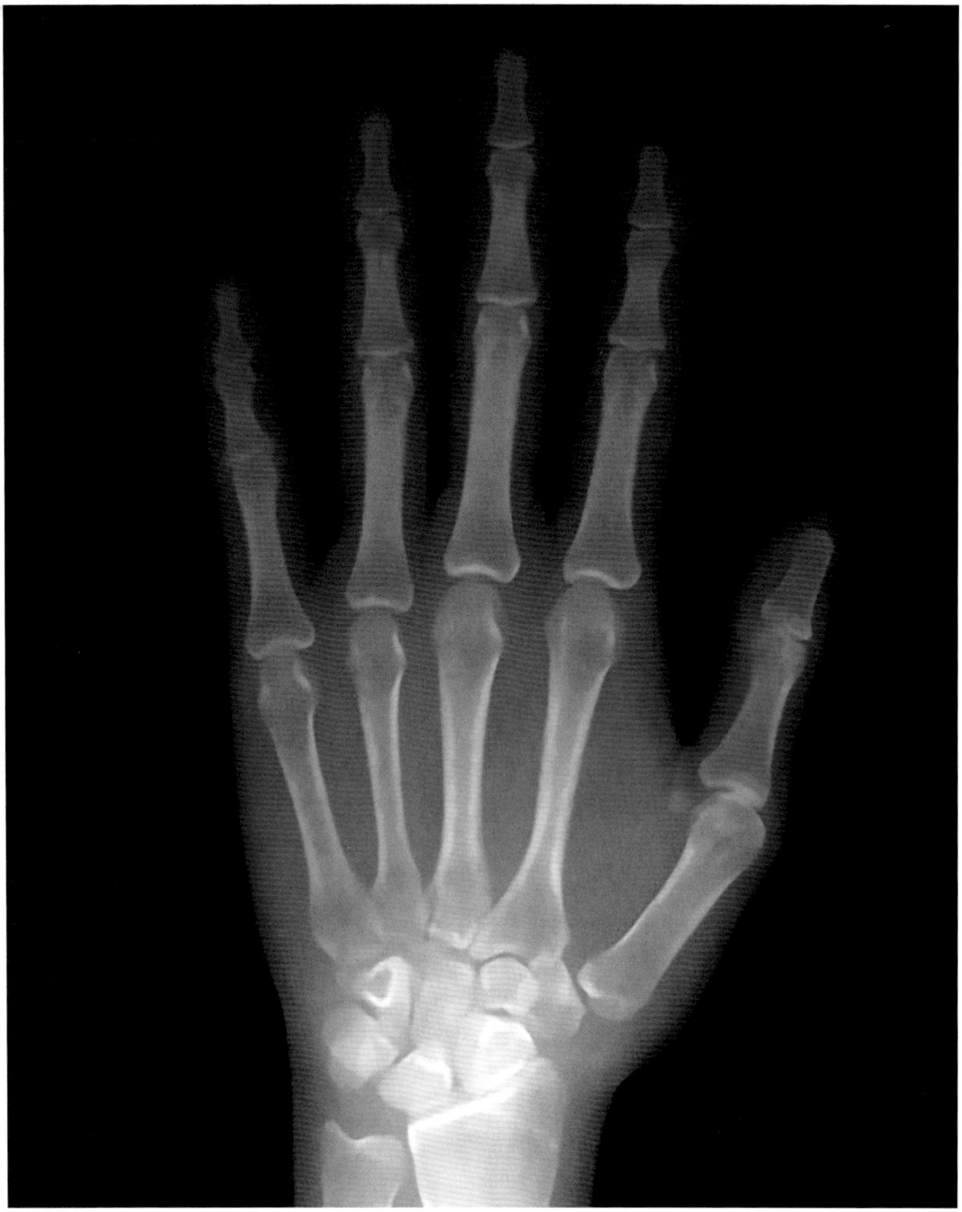

图4-49　整片49

表4-49　整片49的等级评估

评估对象	RUS系13个骨骺的骨发育等级		
	RUS-CHN法	TW3-C RUS法	TW3 RUS法
桡骨	8（3）	8	I
尺骨	7（3）	7	H
第一掌骨	8	8	I
第三掌骨	8	8	I
第五掌骨	8	8	I
第一近节指骨	8	8	I
第三近节指骨	8	8	I
第五近节指骨	8	8	I
第三中节指骨	8	8	I
第五中节指骨	8	8	I
第一远节指骨	8	8	I
第三远节指骨	8	8	I
第五远节指骨	8	8	I

50. 整片50

仔细阅读图4-50并进行骨发育等级评价，详情见表4-50。

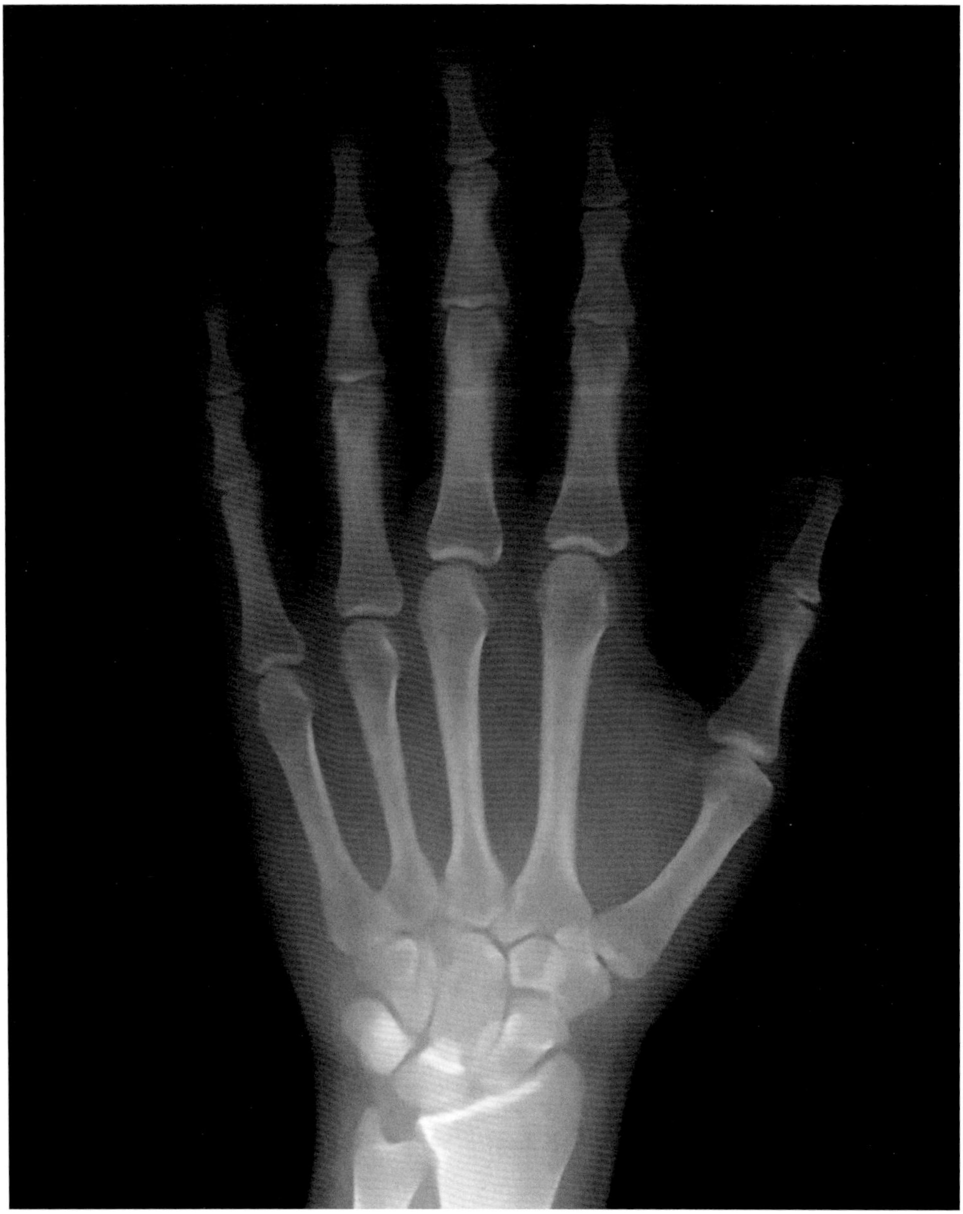

图4-50 整片50

表4-50　整片50的等级评估

评估对象	RUS系13个骨骺的骨发育等级		
	RUS-CHN法	TW3-C RUS法	TW3 RUS法
桡骨	8（4）	8	I
尺骨	7（4）	7	H
第一掌骨	8	8	I
第三掌骨	8	8	I
第五掌骨	8	8	I
第一近节指骨	8	8	I
第三近节指骨	8	8	I
第五近节指骨	8	8	I
第三中节指骨	8	8	I
第五中节指骨	8	8	I
第一远节指骨	8	8	I
第三远节指骨	8	8	I
第五远节指骨	8	8	I

51. 整片51

仔细阅读图4-51并进行骨发育等级评价，详情见表4-51。

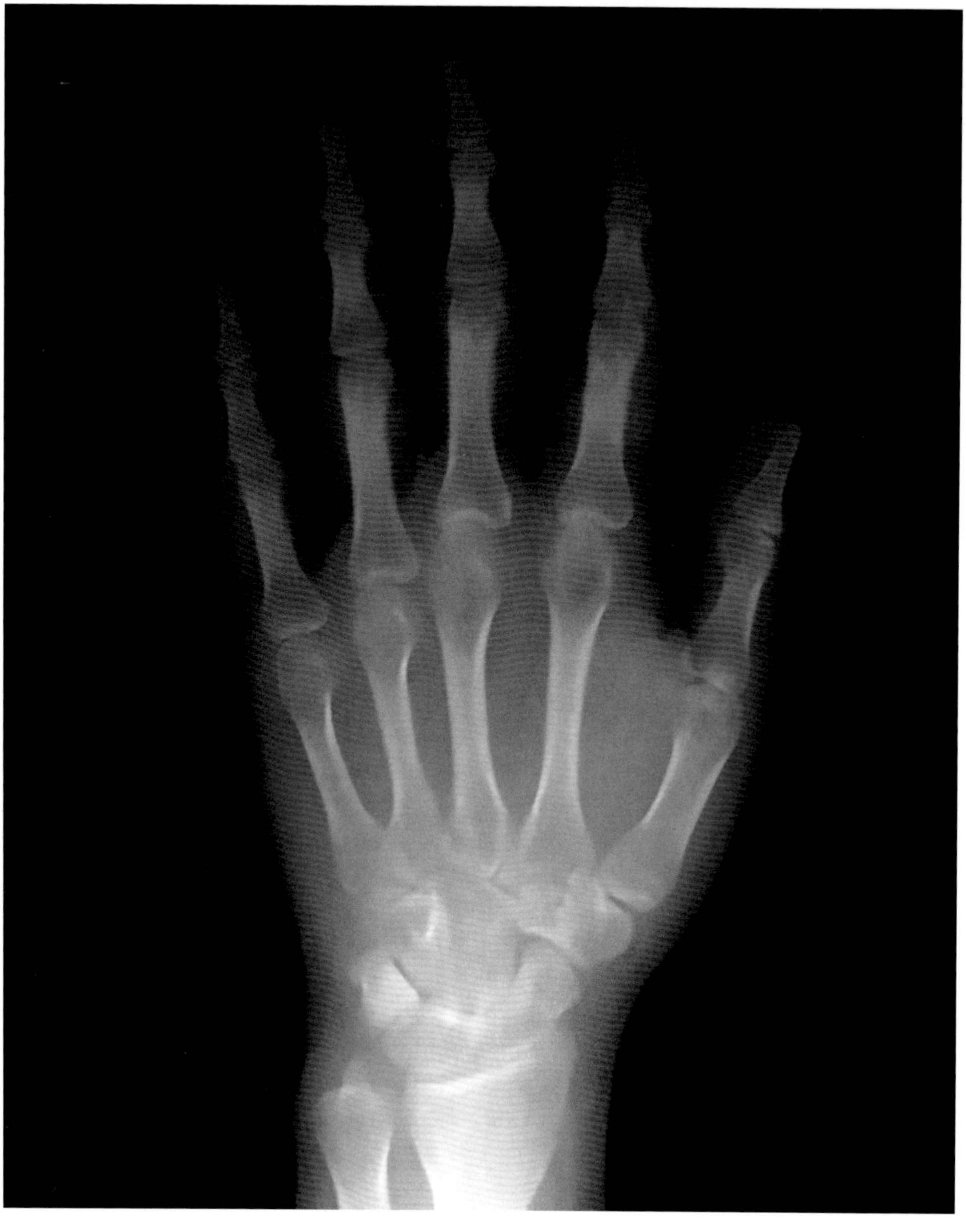

图4-51　整片51

表4-51　整片51的等级评估

评估对象	RUS系13个骨骺的骨发育等级		
	RUS-CHN法	TW3-C RUS法	TW3 RUS法
桡骨	8（4）	8	I
尺骨	7（4）	7	H
第一掌骨	8	8	I
第三掌骨	8	8	I
第五掌骨	8	8	I
第一近节指骨	8	8	I
第三近节指骨	8	8	I
第五近节指骨	8	8	I
第三中节指骨	8	8	I
第五中节指骨	8	8	I
第一远节指骨	8	8	I
第三远节指骨	8	8	I
第五远节指骨	8	8	I

52. 整片52

仔细阅读图4-52并进行骨发育等级评价，详情见表4-52。

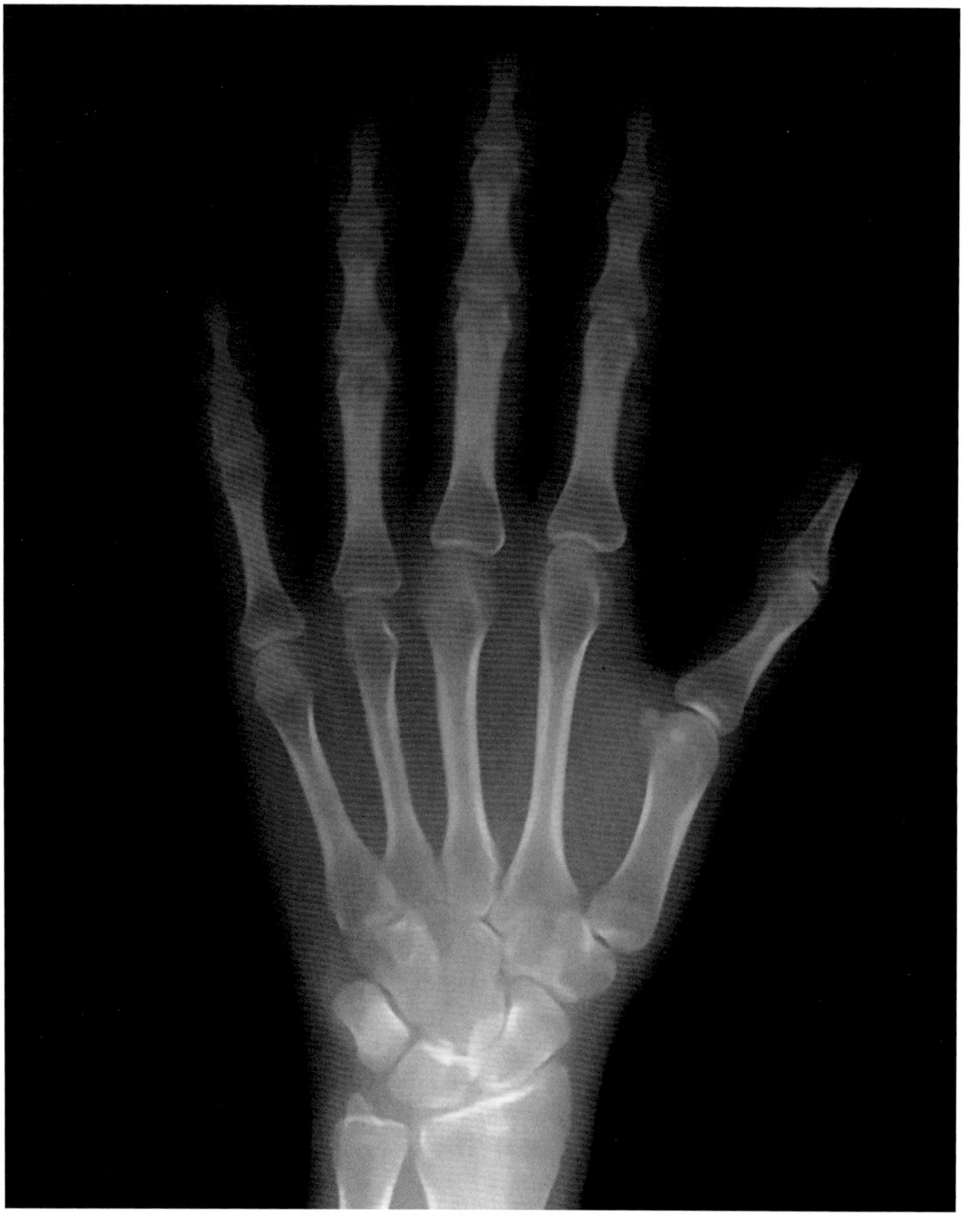

图4-52　整片52

表4-52　整片52的等级评估

评估对象	RUS系13个骨骺的骨发育等级		
	RUS-CHN法	TW3-C RUS法	TW3 RUS法
桡骨	8（4）	8	I
尺骨	7（4）	7	H
第一掌骨	8	8	I
第三掌骨	8	8	I
第五掌骨	8	8	I
第一近节指骨	8	8	I
第三近节指骨	8	8	I
第五近节指骨	8	8	I
第三中节指骨	8	8	I
第五中节指骨	8	8	I
第一远节指骨	8	8	I
第三远节指骨	8	8	I
第五远节指骨	8	8	I